LE FUCHSIA

SON HISTOIRE ET SA CULTURE

Evreux, A. Hérissey, imprimeur. — 1157.

LE
FUCHSIA

SON HISTOIRE ET SA CULTURE

SUIVIES

D'UNE MONOGRAPHIE

CONTENANT

LA DESCRIPTION DE 540 ESPÈCES ET VARIÉTÉS

PAR

M. Félix PORCHER

Chevalier de la Légion d'honneur,
Président de la Société d'horticulture d'Orléans,
Membre honoraire ou correspondant de la Société impériale d'horticulture de Paris,
de l'Académie d'horticulture de Gand et des Sociétés de Lyon,
du Mans, de Mâcon, de l'Allier, des Deux-Sèvres,
de Valognes, de Leyde, de Malines
et du Havre.

3e ÉDITION

PARIS

LIBRAIRIE CENTRALE D'AGRICULTURE ET DE JARDINAGE

QUAI DES GRANDS-AUGUSTINS, 41

— **Auguste GOIN**, éditeur. —

DIVISION DE L'OUVRAGE.

MONOGRAPHIE.

INTRODUCTION.

Au mois de janvier 1844, le Bulletin de la Société d'horticulture d'Orléans publiait une notice sur le fuchsia. A l'exception de quelques articles publiés isolément dans les journaux horticoles, cet essai d'un amateur était le premier travail qui ait paru sur ce sujet. Il était exclusivement réservé au recueil de la Société pour lequel l'auteur l'avait fait, mais il n'en fut pas ainsi ; une publicité plus grande lui était réservée.

Au mois de mars de la même année, je rencontrai, au festival de Gand, un homme qui, par ses longs et utiles travaux, a puissamment contribué aux progrès de l'horticulture. M. Audot, éditeur de la *Revue horticole*, du *Bon Jardinier* et d'un grand nombre d'ouvrages d'horticulture, dont l'attention bienveillante, en lisant le Bulletin de la Société d'Orléans, s'était portée sur la notice relative au fuchsia, me demanda l'autorisation de la reproduire. Je voulus d'abord m'y refuser, par le motif que cet opuscule était incomplet et peu digne d'une publicité plus étendue ; mais il insista en prétextant que, dans la librairie, il n'existait aucun ouvrage de ce genre, et que sa publication pourrait être utile aux amateurs et contribuerait sans aucun doute à répandre le goût de la culture de ce genre si gracieux. Je donnai mon consentement, mais à la condition expresse, que je m'imposai, de compléter cette première ébauche dès la première floraison des fuchsias. Au mois de novembre suivant, je tenais ma promesse, l'éditeur était en possession du manuscrit, et, à la fin de l'année 1844, la première édition paraissait sous ce titre : Du Fuchsia, son histoire et sa culture, suivies d'une Monographie contenant la mention ou la description de trois cents espèces ou variétés.

Quatre ans après, en 1848, dans le but de mettre l'ouvrage au courant des progrès horticoles, une seconde édition était publiée avec des additions importantes aux chapitres concernant la culture et un supplément à la monographie, où deux cent quarante nouvelles espèces et variétés étaient décrites.

Depuis et au mois de décembre 1854, le Bulletin de la Société d'Orléans, tome 4, nos 8-9, page 219, enregistrait un travail complémentaire intitulé : *Observations générales* sur les progrès obtenus, depuis 1844, dans la culture du fuchsia, suivies d'un résumé de sa culture et d'un troisième supplément à la monographie, contenant la description de toutes les variétés obtenues dans les années 1852, 1853 et 1854.

Ce complément du traité sur le fuchsia ne fut point annexé à la seconde édition, il est resté propre au Bulletin de notre Société ; toutefois il a été reproduit dans la *Flore* des serres et jardins de l'Europe de M. Van Houtte, et le journal de l'Académie d'horticulture de Gand en a publié la partie pratique, le résumé du mode de culture.

Sur ces entrefaites, la seconde édition venant à être épuisée, on a réclamé de nous l'autorisation de publier une troisième édition.

Pour cela, il fallait coordonner les trois parties isolées de l'ouvrage, en faire un tout et ajouter à la monographie la description des variétés parues en 1855 et 1856. C'était un travail considérable, que j'ai d'autant plus hésité à entreprendre qu'il me restait peu de loisirs pour m'en occuper, et que, d'ailleurs, j'avais l'espoir qu'un praticien plus habile et en même temps botaniste entreprendrait de compléter ce que je n'avais qu'imparfaitement élaboré.

Dans l'incertitude de ce qui adviendrait plus tard, je recueillis avec soin des notes relatives aux nouvelles variétés qui ont fait leur apparition dans les cultures, aux cours des deux dernières années. A cet effet, j'ai visité, à Paris, les établissements de MM. Thibaut et Ketéleer, Burel, Pelé, Alphonse Dufoy et l'Exposition universelle à plusieurs reprises ; à Strasbourg, les cultures de M. Adolphe Weick ; à Nancy, les serres de MM. Victor Lemoine, Rendatler et Crousse, où j'ai pu voir et comparer entre elles de nombreuses variétés. Non content de cela, et pour être mieux à même d'apprécier le mérite de chacun de ces fuchsias, je n'ai pas hésité à en faire l'acquisition pour les voir se développer et fleurir sous mes yeux.

En possession de tous ces précieux documents, que j'étais disposé à communiquer à celui qui aurait consenti à entreprendre la tâche que j'hésitais à accomplir, il m'a été remontré que c'était à moi seul qu'il appartenait de les mettre en ordre ; j'ai fini par céder, et c'est ainsi que j'ai été amené à préparer cette troisième édition.

Ce livre n'est point, comme l'indique son titre, faute d'une expression meilleure, une troisième édition, c'est plutôt un nouvel ouvrage, dont toutes les parties ont été remaniées et refondues à un tel point, qu'il serait difficile d'y rencontrer deux pages semblables.

Orléans, 20 février 1857.

LE FUCHSIA

SON HISTOIRE ET SA CULTURE

LE FUCHSIA

(*Famille des* ŒNOTHÉRÉES, *tribu des* FUCHSIÉES.

Etymologie :
Léonard FUCHS, médecin-botaniste bavarois du XVIe siècle.

CARACTÈRES GÉNÉRIQUES. — Arbrisseaux ou sous-arbrisseaux croissant dans l'Amérique méridionale et la Nouvelle-Zélande. Feuilles le plus souvent opposées, quelquefois 3-4 verticillées, rarement alternes, entières ; pédicelles axillaires, uniflores, quelquefois agrégés et paniculés à l'extrémité des rameaux ; fleurs généralement pendantes, rouges, rarement blanches ; calice adhérent à l'ovaire, se prolongeant en un tube cylindrique dont le limbe est divisé en 4 lobes, décidu après la floraison, pétales 4, insérés au haut du tube, alternes avec les lobes, rarement nuls ; étamines 8-10 ; style filiforme, à stigmate capité ; baie oblongue ou ovale-globuleuse ; 4 loges ; 4 valves polyspermes.

PLUMIER, *Gen.*, 14 ; — LINNÉ, *Gen. plant.*, 128. — DE CANDOLLE, *Prodromus*, III, 36.—CAMBESSEDES *Fl. Brésil*, I, 272.

CHAPITRE Ier.

NOTICE HISTORIQUE.

Avant de s'occuper de la culture d'une plante, il est à propos de dire dans quels lieux elle végète et de retracer les circonstances de son introduction. Ce ne sera donc pas sans intérêt, du moins nous le pensons, qu'on trouvera réunis dans ce chapitre quelques documents historiques sur un arbuste qui est devenu l'objet de justes et nombreuses préférences.

La première espèce de fuchsia fut observée, vers l'année 1764, par le révérend père Plumier, religieux minime et savant botaniste né à Marseille dans l'année 1616 et mort à Cadix en 1706, alors que, sur l'invitation de Fagon, médecin du roi, il se rendait en Amérique, pour la quatrième fois, afin d'y examiner le *Cinchona Condaminea*, arbre qui produit le quinquina. Créateur du genre, il en fit la dédicace au Bavarois Fuchs, médecin-botaniste et professeur à l'université de Thuringe. Cette espèce, qui alors était la seule connue, reçut le nom de *Fuchsia triphylla ;* elle figure sous cette dénomination dans le *Nova plantarum Americanarum genera*, ouvrage du révérend père Plumier, publié en l'année 1708.

Depuis, les herbiers des botanistes et les serres des horticulteurs se sont successivement enrichis d'un certain nombre de nouvelles espèces, dont la découverte et l'introduction sont dues aux zélés collecteurs, qui souvent, au péril de leur vie, ont parcouru les hautes régions des diverses parties de l'Amérique méridionale.

C'est dans le Pérou, le Chili et le Mexique que se

rencontrent la plupart des espèces de fuchsia. Cet élégant arbuste se plaît sur les montagnes élevées, dans les lieux ombragés et humides, au milieu des forêts ; de même que les lianes, il s'entrelace avec les arbres, en étendant au loin ses branches, d'où pendent avec grâce et en profusion ses jolies fleurs.

Le botaniste Miers a trouvé le *Radicans* dans les montagnes des Orgues, au Pérou, à 1,000 mètres au-dessus du niveau de la mer. Le *Cordifolia* a été vu par M. Hartweg sur le Zétuch, volcan du Guatémala, à 2,000 mètres d'élévation. Le *Splendens* a été rencontré par le même botaniste sur le mont Tolontepeque, à une altitude de 3,000 mètres. C'est dans les bois de Cinchao et de Numa, au nord de Lima, que les auteurs de la *Flore du Pérou*, Ruiz et Pavon, ont découvert le *Corymbiflora*. Le *Venusta* a été observé aux environs de Mérida par M. Linden, à une élévation de 2,600 mètres. Le *Spectabilis*, que Lindley appelait la Reine des Fuchsies, a été vu par W. Lobb dans les Andes de Cuença, au milieu de bois ombreux. Le *Nigricans* est originaire de la province de Vénézuéla, où il végète à une altitude moyenne de 2,500 mètres, dans des ravins humides et ombragés. Le *Sylvatica*, son nom d'ailleurs l'indique assez, se plaît au milieu des forêts de la Guyane.

Quelques autres espèces ont été rencontrées au Brésil, à Saint-Domingue, dans la Colombie et la Nouvelle-Grenade. Les seuls *Fuchsias excorticata* et *procumbens* sont originaires de la Nouvelle-Zélande.

Pour la plupart, les espèces connues et déterminées par les botanistes ont été introduites à l'état vivant ou par graines en France ou en Angleterre, mais il en est un certain nombre qui ne figurent encore que dans les herbiers.

L'introduction du *F. coccinea* date de 1788 et

celle du *Lycioïdes* de 1796. Les autres espèces furent introduites dans l'ordre suivant : l'*Excorticata* en 1821 ; le *Gracilis* et l'*Arborescens* en 1823 ; le *Macrostemma* en 1825 ; le *Microphylla* en 1827 ; le *Fulgens* en 1837 ; le *Corymbiflora* en 1839 ; le *Splendens* en 1842 ; le *Macrantha* en 1845 ; le *Serratifolia* en 1847 ; les *Spectabilis*, *Venusta* et *Miniata* dans les années 1848, 1850 et 1852.

L'*Encyclopédie méthodique*, dans sa partie botanique, décrit douze espèces de fuchsias. De Candolle, dans son *Prodromus*, donne l'analyse de vingt-six espèces, nombre qui a été porté à trente-quatre par le docteur David Dietricht, dans son *Synopsis plantarum*, 1840, Weymar.

Depuis, dans deux de ses ouvrages, intitulés : *Repertorium* et *Annales botanicæ systematicæ*, Walpers donne la description d'un certain nombre de nouvelles espèces, ce qui en a élevé le chiffre total à soixante-quatre.

En parcourant l'herbier du Muséum, à Paris, nous avons trouvé plusieurs fuchsias dont les caractères ne sont pas encore déterminés, et il pourra bien se faire qu'alors que ce travail sera terminé on y rencontre encore de nouvelles espèces, sans compter celles qu'on pourrait découvrir dans la patrie du fuchsia.

CHAPITRE II.

DIVISION DU GENRE FUCHSIA.

Le genre fuchsia est divisé par de Candolle (*Prodomus*, vol. III, p. 36) en deux sections.

CARACTÈRES SPÉCIFIQUES DE LA PREMIÈRE SECTION. — Tube du calice cylindrique ou obconique, atténué au-dessus de l'ovaire ou comprimé ; feuilles opposées ou verticillées, très-rarement presque alternes; ovules disposés sur deux rangs dans chaque loge.

Cette section est subdivisée en trois paragraphes :

1° Brevifloræ. — Fleurs courtes, dont la partie tubuleuse libre du calice est plus courte que les lobes ou bien à peu près égales; étamines exsertes.

2° Macrostemmæ. — Fleurs dont la partie tubuleuse libre du calice est plus courte que les lobes ou bien égale ; étamines exsertes.

3° Longifloræ. — Fleurs allongées, c'est-à-dire dont la partie tubuleuse libre du calice est deux ou trois fois plus longue que les lobes.

Caractères de la seconde section. — Tube du calice ventru, présentant des bosselures à la base, au-dessus de l'ovaire ; ovules très-petits, réunis sans ordre autour d'un placenta central; feuilles alternes.

Elle ne comprend, quant à présent, qu'un seul fuchsia, l'*Excorticata*.

Le docteur David Diétricht admet une division plus simple. Il établit bien deux sections, dont la première ne se subdivise qu'en deux paragraphes au lieu de trois. Le premier est consacré aux fuchsias à fleurs courtes, *Brevifloræ,* étamines incluses ; le second paragraphe renferme les fuchsias à fleurs allongées, *Longifloræ,* dont les étamines sont exsertes.

Quant à la deuxième section, elle ne diffère en rien de celle du *Prodromus*.

Ainsi, cet auteur n'admet pas les *Macrostemmæ,* bien que ce groupe soit un intermédiaire utile, peut-être même nécessaire, entre les *Brevifloræ* et les *Longifloræ*. C'est une question scientifique que nous laissons à résoudre à de savants botanistes, avec d'autant plus de raison qu'il nous semble qu'on ne saurait appliquer l'une ou l'autre de ces deux classifications aux hybrides ou variétés obtenues par semis, au moyen de graines fécondées naturellement ou artificiellement ; car ces plantes, pour la plupart du moins, ont éprouvé de si profondes modifications qu'il est bien difficile d'en déterminer l'origine et, par suite, d'en opérer le classement. Aussi, dans la monographie, la description des variétés et des hybrides sera donnée en suivant l'ordre alphabétique ; mais, en ce qui concerne les espèces, elles seront rangées isolément dans une première partie, suivant la classification du *Prodromus*, à laquelle nous donnons la préférence.

CHAPITRE III.

DES HYBRIDES ET DES VARIÉTÉS.

§ Ier. — **Théorie de l'hybridité et de la variation.**

La science n'a pas encore pu formuler une doctrine complète et positive sur l'hybridité des plantes. Les Annales de la Société impériale de Paris (t. 1852, p. 106) nous ont révélé qu'une commission, se composant d'hommes éminents dans la science et dans la pratique, nommée pour s'expliquer à ce sujet, après des rapports savamment élaborés et une discussion fort animée, n'a pu s'entendre. En cet état de choses, il a été décidé par la Société que, sans formuler un avis, on se bornerait à publier les divers documents produits à cette occasion.

Ce serait sortir du cadre d'un traité spécial que d'examiner cette question de physiologie végétale d'une manière approfondie. Cependant il n'est pas sans utilité, au point de vue de notre sujet, d'en dire quelques mots.

Pour s'entendre sur les choses, il convient, au préalable, de s'accorder sur le sens des mots qui servent à les désigner. Or, sur ce point, il règne une confusion déplorable, qui provient de ce que les horticulteurs emploient souvent à tort les mots hybride et variété comme synonymes, bien que ces mots comportent un sens tout à fait différent.

On comprendra plus facilement ce que c'est qu'un hybride et qu'une variété quand on saura ce que la science entend par espèce botanique. En voici la définition donnée par les auteurs :

L'espèce est un végétal créé par la nature, dont certains caractères essentiels peuvent être déterminés exactement, et qui, par des graines semées pendant plusieurs générations, reproduit des individus offrant les mêmes caractères. On ne doit tenir aucun compte de quelques légères variations accidentelles dans les caractères secondaires, lesquels sont le résultat de la culture et que le temps fait disparaître.

Sous le nom de variété, on désigne des individus nés de graines d'une même espèce qui ont éprouvé des variations dans le coloris, le feuillage, la dimension des fleurs et des fruits. Ces variations tiennent au sol, au climat, à la culture, à des circonstances atmosphériques ; elles sont susceptibles de se produire dans de certaines limites quant aux caractères secondaires, mais jamais et en aucun cas elles n'affectent les caractères essentiels.

Les variétés ont une tendance à revenir au type si la culture en est négligée ou abandonnée dans des terrains incultes, et c'est ce qu'en horticulture on appelle à tort *dégénérescence*.

Comme il n'existe aucun caractère précis qui

puisse faire distinguer l'espèce de la variété, il en est résulté que souvent, dans le jardinage, on a confondu, au grand détriment de la science, les espèces et les variétés.

Une plante hybride est celle qui est née d'une graine d'un végétal dont l'ovule, au lieu d'être fécondé par sa propre espèce, l'a été par le pollen d'une autre espèce. Le produit est, suivant les uns, une sorte de mulet végétal qui serait nécessairement stérile et auquel on a proposé de donner le nom de métis. D'après les autres, la stérilité ne serait point un caractère absolu de l'hybridité, et, comme nous allons le voir, on cite, à l'appui de cette opinion, des cas nombreux de fécondité chez des hybrides.

Le phénomène de l'hybridité est un fait désormais acquis à la science, il est incontestable. Les limites dans lesquelles ce phénomène peut se produire, le cercle de son étendue, restent seuls incertains.

L'hybridité s'opère entre espèces du même genre voisines l'une de l'autre. On est d'accord sur ce point, mais l'union de deux plantes appartenant à des genres différents est fort controversée. Toutefois, comme la limite des genres est en quelque sorte arbitraire, qu'elle repose sur des caractères d'une importance plus ou moins grande, il a pu se produire des cas d'hybridité entre des genres que l'on répute distincts, mais qui, cependant, ont une telle affinité que leur union est possible. Les auteurs, à ma connaissance, n'en citent qu'un seul exemple, c'est le *Delphinium ambiguum*, qui est né de l'*Aconitum napellus* et du *Delphinium elatum ;* tandis que les hybrides entre espèces du même genre sont extrêmement nombreux. Voir cependant le fait cité plus bas et venu à notre connaissance depuis la rédaction de ce chapitre ; c'est la naissance d'un véritable hybride provenant de l'union du *Verbascum blatta-ria* et de la *Scrophularia nodosa.*

La production de véritables hybrides dans la nature a été signalée par Linné, qui le premier manifesta la pensée que les espèces de plantes, dans l'origine, étaient moins nombreuses et qu'elles se sont successivement accrues par des croisements d'espèces ; il a même cru reconnaître de ces hybrides. (DE CANDOLLE, *Flore française.*)

Dans son *Cours de Botanique*, M. Poiret dit qu'on obtient de belles espèces en fécondant le pistil d'une espèce avec le pollen d'une autre espèce, auxquelles le nom d'hybride a été donné. « Ce sont des races croisées, ajoute-t-il, qui se perpétuent par la culture, mais elles ne se reproduisent pas constamment d'une manière identique. L'observation a démontré que ce phénomène avait lieu, quoique rarement, dans les champs. »

On lit ce qui suit dans un autre ouvrage de botanique : « Les plantes d'espèces rapprochées se fé-
« condent naturellement et donnent naissance à des
« hybrides. On ne saurait douter que telle ne soit
« l'origine de plusieurs espèces et d'un grand nom-
« bre de variétés de plantes. C'est ce que l'on re-
« marque notamment dans les plantes potagères,
« telles que : laitues, choux, fraisiers et melons. »

En 1819, sur le sommet d'une montagne de la Savoie, MM. Guillemin et Dumas ont rencontré plusieurs hybrides de la *Gentiana lutea* et de la *G. Purpurea.* Ce genre, d'après les Mémoires de la Société d'histoire naturelle de Paris, renfermerait plusieurs espèces dont la coexistence sur le globe est bien constatée et dont l'origine par hybridité n'est pas douteuse.

Dans le jardin de Botanique de Bruxelles, en 1820, les *Ranunculus gramineus* et *R. platanifo-*

lius donnèrent entre elles un hybride véritable. *(Annales des sciences physiques,* t. VIII, p. 352.)

Dans le *Journal de la Société d'horticulture du Bas-Rhin,* t. Ier, p. 143, on trouve le fait suivant mentionné :

M. Diny a recueilli sur les bords du Giessen, près Schélestadt, un *Verbascum* hybride provenant de l'union du *V. nigrum,* qui a fourni le pollen, et du *V. blattaria,* dont l'ovule a été fécondé ; il lui a donné le nom de *V. nigro blattaria.*

Le même botaniste a rencontré une autre plante hybride plus curieuse, qui est une intermédiaire entre le *Verbascum blattaria* et le *Scrophularia nodosa.* Ceci démontre la grande analogie qui existe entre les verbascées et les scrophulariacées.

Les cas d'hybridité dans les serres et les jardins sont extrêmement nombreux. Nous en citerons seulement les plus remarquables.

En mai 1817, de l'*Amaryllis vittata,* fécondée par le pollen de l'*A. reginæ,* M. le baron Melazza a obtenu une plante hybride qui deux fois lui a donné des graines fertiles.

Dans l'année 1826, une semence du *Magnolia Yulan,* fécondée par le *M. obovata varietas discolor,* a donné naissance à une superbe plante hybride qui a été nommée *Magnolia Soulangiana* par la Société d'horticulture de Paris, en considéraion de l'obtenteur, M. Soulange-Bodin.

Ce magnolia hybride est pourvu de tous les organes de la génération et sa vertu prolifique est reconnue. Il est vrai que M. Neumann est porté à croire que ce magnolia serait le produit du *M. purpurea* seul. S'il en était ainsi, ce serait une variété et non un hybride. Mais cette supposition, en face des faits constatés, ne saurait prévaloir.

Le daphné obtenu en 1827 par le jardinier Delahaye, et qui porte son nom, est le résultat d'un croisement entre les *D. Collina* et *cneorum*. Le *Daphné dauphin* est un hybride du même genre obtenu par M. Fion; il est né du *Collina* fécondé par l'*Odora*.

En 1829, M. Delaire, alors employé au jardin des Plantes de Paris, a obtenu une passiflore hybride d'une semence de la *Passiflora palmata* fécondée par la *P. cœrulea*, à laquelle on a donné le nom de *P. palmata cœrulea*. Cette passiflore a été figurée et elle existe dans la collection des vélins du muséum. Elle a produit des graines fécondes, qui, semées à leur tour, ont donné naissance à une autre passiflore d'un coloris moins vif. Cette dernière n'était qu'une variété de la première.

Au nombre des cas d'hybridité rapportés par les auteurs, il s'en trouve un assez remarquable, c'est le *Rosier Hardy,* qui provient du *R. berberifolia* et du *R. clinophylla.*

Les hybrides de rhododendrons et d'azalées ne sont pas rares. Ainsi, du croisement de l'*Azalea sinensis* et d'un *Rhododendrum arboreum*, M. Smith, de Dalston, a obtenu une nombreuse génération de rhododendrons à fleurs jaunes, tous doués de la vertu prolifique, et qui eux-mêmes ont engendré un certain nombre de variations.

Dans les digitales, on rencontre également plusieurs hybrides. Enfin, personne n'ignore que les horticulteurs anglais ont effectué des hybridations dans les genres *Amaryllis, Crinum, Nerine,* etc.

En revenant à notre sujet, dont nous nous sommes peut-être trop écarté, nous dirons que, dans le genre fuchsia, il existe de véritables hybrides, mais en petit nombre. Lors de l'introduction du *F. fulgens* et du *corymbiflora,* de nombreux croisements ont été opérés avec succès entre ces belles espèces à longues fleurs et les espèces à fleurs globuleuses. Mais ces hybrides, après avoir servi à des fécondations ultérieures, ont cédé la place à des plantes plus méritantes, et leur abandon a été tel qu'on en trouverait difficilement la trace.

Voici les hybrides qui, en ce genre, ont eu le plus de retentissement et dont l'origine ne semble pas douteuse.

Le *F. Exoniensis* est le produit de deux espèces, le *Cordifolia* et le *Globosa*. (Paxton, *Magazine of Botany*, vol. X, page 151, août 1843.)

Les *F. Standishi* et *Toddiana* sont nés du *Fulgens* et du *Globosa*. Dans le premier de ces hybrides, le *Standishi*, la fleur a retenu le caractère du *Globosa*, tandis que le feuillage se rapporte à celui du *Fulgens*. (*Botanical register*, t. II, 1840.)

Les *F. Reine des Français* et *Géant de Versailles* (John Salter, 1847) proviennent de croisements effectués, pour le premier, entre le *Fulgens* et un fuchsia du groupe des *Macrostemmæ*, et, pour le second, entre le *Corymbiflora* et une espèce du genre précité.

De l'union du *Corymbiflora* et du *Formosa elegans*, variété d'une espèce appartenant au groupe des *Macrostemmæ*, sont issus les *F. Attraction, Colossus* et *Président*. (Paxton, vol. II, p. 31, 1844.)

Depuis peu de temps, l'horticulture est en possession d'un hybride remarquable né d'une graine du *F. Spectabilis* fécondée par le *Serratifolia*. Il a été obtenu, en 1854, par un jardinier du nom de Dominy, et, par suite, on l'a nommé *Dominyana*. Ce bel hybride a emprunté au *Spectabilis* son feuillage, toutefois avec plus d'ampleur, et la fleur comme l'inflorescence sont communes aux deux espèces croisées. Il est pourvu de tous les organes de la génération, et, bien que nous n'ayons pas récolté de graines sur notre sujet, il n'est pas douteux pour nous qu'il ne soit doué de la vertu prolifique. L'époque de sa floraison est tardive, ce qui est un obstacle à une production de graines venant à maturité.

En 1855, on a mis en vente un fuchsia sous le nom de *Prince Jérôme*, qui a été obtenu de semence par M. Chambraux, jardinier au Pecq, près Saint-Germain. Il proviendrait de l'union du *F. Serratifolia* et du *F. Général Changarnier*, sous-variété appartenant au groupe des *Macrostemmæ*, et serait ainsi un hybride ; mais, à son aspect, il est facile de reconnaître que ce fuchsia a retenu les principaux caractères du *Serratifolia*, tant dans le feuillage que dans la fleur, sans rien dénoter de l'autre espèce. Aussi, il est permis de douter que ce soit un hybride, et tout nous porte à croire que la fécondation tentée entre ces deux fuchsias n'aura pas réussi, et que cette plante n'est autre qu'une variété du *Serratifolia*.

Il est un autre hybride qui n'est en notre possession que depuis l'automne 1856, c'est le *Pendulina*. Il est issu, dit-on, du *Serratifolia* et d'une espèce péruvienne dont le nom n'a pas été donné. Son feuillage et sa fleur présentent beaucoup d'analogie avec ceux du *Serratifolia*.

Tous ces hybrides de fuchsia sont féconds, ainsi qu'on vient de le dire ; et c'est après avoir contribué à la production des variétés d'un mérite supérieur que tous, à l'exception des trois derniers, ont disparu des cultures. Quant à leurs descendants, ou ils ont fait retour à leur type, ou bien leurs caractères se sont tellement modifiés par suite de croisements ultérieurs et successifs avec d'autres variétés dont les horticulteurs n'ont pas connu ou n'ont pas révélé le secret, qu'il est bien difficile, si ce n'est impossible, à présent, de constater avec quelque certitude leur origine. Tout ce que l'on peut faire, c'est de les rapprocher de l'un des groupes de fuchsias dont nous indiquerons plus tard les caractères.

De ce résumé de la doctrine et des faits, il résulte deux points incontestables : le premier, c'est la production des hybrides, soit dans la nature, soit dans les cultures ; le second, c'est la fertilité de la plupart si ce n'est de la totalité de ces hybrides ou tout au moins de ceux appartenant au genre fuchsia.

Ce n'est pas tant l'hybridité en elle-même que la fertilité et la reproduction par la voie du semis des hybrides qui sont contestées par la science botanique, et encore faut-il en cela distinguer. En effet, ce que les auteurs dénient presque unanimement, c'est qu'une plante hybride puisse exactement se reproduire, c'est-à-dire en conservant ses caractères propres pendant plusieurs générations. On soutient, avec une logique dont il est difficile de méconnaître la force, que, s'il en était ainsi, nombre de plantes nouvelles viendraient s'interposer entre les espèces véritables, et que, depuis longtemps, il existerait, par suite, une confusion déplorable dans le règne végétal, que le divin Créateur n'a pas voulu plus permettre que dans les autres règnes de la nature, où une semblable perturbation ne se rencontre pas. La loi de la création est d'éterniser la pureté des espèces, et, pour cela, il faut que les races ne puissent se perpétuer d'une manière indéfinie.

La théorie le plus généralement admise est donc celle-ci, c'est que si l'hybride est doué de la vertu prolifique, il revient, à la suite de plusieurs générations, à l'un des types d'où il tient son origine, qui finit par prédominer. De même, pour les variétés, elles font retour à l'espèce d'où elles sont issues alors qu'elles sont livrées à elles-mêmes. Le fait que nous citions plus haut, de fuchsias hybrides perdant leurs caractères pour se rapprocher de l'un des types, vient à l'appui de cette théorie, qui nous semble être la seule vraie.

Ainsi, les hybrides ne seraient pas doués de la perpétuité comme les espèces ; telle serait la loi de la création.

Si, exceptionnellement à cette règle, quelques hybrides semblent avoir, dans la nature, acquis cette perpétuité, ce serait un mystère qu'il resterait à expliquer, si le fait est constant ; et, en ce cas, nous laisserions au temps et à d'autres plus savants que nous le soin de résoudre ce problème, pour nous en tenir aux faits acquis. Or, dans la spécialité objet de ce livre, il n'est pas un hybride qui ait encore acquis la moindre stabilité et qu'on puisse confondre avec une espèce.

En définitive, il est donc bien entendu que, par hybride, on doit entendre une plante née d'un croisement entre deux espèces, abstraction faite de sa fécondité, et, sous le nom de variété, on désignera les plantes provenant de graines d'une même espèce qui ont éprouvé dans leurs caractères secondaires des variations.

La pensée d'employer d'autres mots pour définir les hybrides et les variétés ne nous semble pas heureuse ; il pourrait résulter de ce changement une confusion bien plus grande que celle qui règne actuellement. Mieux vaut s'en tenir aux dénominations en usage depuis un temps fort ancien, faute de rencontrer dans la langue française des mots plus propres à rendre ce qu'on veut exprimer, et sauf à en préciser le sens, de manière à éviter de fâcheux équivoques.

§ II. — Historique des hybrides et des variétés.

Comme on l'a vu ci-dessus, au chapitre précédent, antérieurement à l'année 1830, on cultivait un nombre très-restreint de fuchsias, qui, pour la plupart, étaient à petit feuillage et à petites fleurs. Ces espèces ont été successivement abandonnées par suite de l'introduction des belles espèces mexicaines, à l'ample feuillage et aux longues et belles fleurs ; de telle sorte qu'à peine si à présent on rencontre ces premières espèces dans quelques rares collections.

Les amateurs de fuchsias concentraient alors toutes leurs jouissances dans la culture des *F. coccinea*, *gracilis*, *tenella*, *conica*, *excorticata* et de l'*arborescens*, espèces auxquelles vinrent se joindre le *macrostemma*, le *globosa* et le *microphylla*.

C'est à dater de l'introduction de ces trois dernières espèces que les horticulteurs commencèrent à opérer des fécondations artificielles, à faire des semis et à obtenir ainsi des hybrides et des variétés. Mais c'est surtout dans l'année 1837 qu'une nouvelle et puissante impulsion fut donnée à la culture du fuchsia par la présence du *Fulgens* et du *Corymbiflora*, et qu'il s'opéra dans le genre une amélioration sensible.

Les horticulteurs anglais furent les premiers en possession de ces fuchsias ; ils comprirent parfaitement tout le parti qu'on pouvait en tirer par leur union avec les anciennes espèces, et ce ne fut qu'après avoir effectué des croisements et récolté des graines qu'ils les introduisirent sur le continent.

A cette époque, les semeurs anglais les plus habiles et en même temps les plus heureux étaient : MM. Harrisson, directeur du Floricultural cabinet ;

Smith, de Dalston ; Standish, de Bagshot ; Epss, Miller, Todd, May, etc.

A cette première série, il convient d'ajouter les noms des semeurs qui depuis et jusqu'à ce jour ont produit les plus belles variétés de fuchsias ; ce sont : MM. Bank, Batten, Gaine, Henderson, Kendall, Lucombe et Pince, Mayle, Patterson, Story, Turner, Turvill, et Veicht.

En France, ils rencontrèrent d'abord un digne émule et un redoutable concurrent en la personne de l'un de leurs compatriotes, M. John Salter, établi alors à Versailles. C'était en quelque sorte le seul qui, à cette date, dans notre pays, s'occupât sérieusement de fécondations, de croisements et de semis. M. Salter, avec une persévérance des plus louables et un talent réel, faisait ces opérations sur une grande échelle, et c'est de lui que l'on tient les meilleures variétés de l'époque.

Depuis, plusieurs de nos compatriotes sont venus lutter avec succès avec nos voisins d'outre-mer. Nous citerons, en première ligne, Demouveaux, jardinier de M. Dubus, à Lille, dont les produits en ce genre ont été les plus remarquables.

Cet horticulteur, dans un semis fait en 1845, obtint une série de huit fuchsias, qui, par lui, furent cédés à M. Miellez, de Lille, et mis en vente par celui-ci au mois d'avril 1846. Ce sont les *F. Napoléon, Scaramouche, Esmeralda, Fanny Essler, Aurantiaca, Jeanne d'Arc, Armide* et *Gabrielle d'Estrées*. L'apparition dans les cultures de ces intéressantes variétés, qui appartiennent au groupe des *Macrostemmæ*, fit une vive sensation. Aujourd'hui, elles sont presque toutes abandonnées, ayant été remplacées par d'autres variétés plus belles.

Deux ans après, le même producteur obtenait les *F. flavescens, Masséna, Princesse de Lamballe, Roi de Rome* et *Triomphe de Miellez*, dont le succès fut semblable. Leur origine est la même que celle de la première série. On rencontre encore dans quelques jardins le *Flavescens*, qui est une variété élégante et excessivement multiflore.

L'impulsion une fois donnée, de nombreux horticulteurs et quelques amateurs suivirent la voie qui leur était indiquée, et, chaque année, on vit apparaître de nouvelles variétés.

Voici les noms des principaux semeurs français : Narcis, jardinier de M. le marquis d'Évry, à Évry-les-Châteaux (Seine-et-Marne) ; Racine, jardinier à Passy ; Baudinat, jardinier à Meaux ; Barbier, jardinier à Puteaux ; Burel, à Paris ; Henri Demay, horticulteur à Arras ; Léon Bernicau, à Orléans ; Louis Baudry, à Avranches ; Lemoine et Crousse, à Nancy ; Duru, à Ville-d'Avray ; Duval, à Bellevue ; Boucharlat, à Lyon.

En Belgique, ce sont MM. de Jonghe, à Bruxelles ; Louis Werschaffelt, à Gand ; Delbaere, Gendbrugge et Coëne.

L'Allemagne nous a donné en semeurs MM. Dender, à Coblentz ; Schüle, Koch, Erben et Rother.

Il nous semble qu'en exposant dans un ordre chronologique, et en regard de chacun des noms des semeurs de fuchsias, les variétés ou hybrides par eux obtenus, ce sera livrer à la science horticole un document utile qui permettra de suivre et d'apprécier plus facilement les progrès successifs de cette culture spéciale, et qui, en outre, pourra servir en ce point de document historique. C'est à l'aide de nombreuses recherches et après avoir consulté de nombreux catalogues qu'il nous a été possible de composer la notice suivante :

Variétés antérieures à **1844**.

NOMS DES SEMEURS.	RÉSIDENCES.	NOMS DES HYBRIDES ET VARIÉTÉS.
Salter........	Versailles.	Albinos, Andoti, Bauduin, Brennus, Chauvierii, Edwarsi, Géant, Gloriot, le Chinois, Mirabel, Oreste, Princesse de Joinville, Paragon, Salteri, Sanguinea superba, Thibauti, Victoria, Vulcain.
Cattleugh....	Angleterre.	Conspicna arborea.
Chandler.....	—	Chandleri.
Cripp's.......	—	Vénus Victrix. Cette élégante variété, dont on a conservé un bon souvenir, a produit une race nombreuse qui a conservé l'élégance de son type.
Dickson......	—	Dicksoni, Floribunda.
Epss.........	—	Bridegroom, Epsii, Héros de Kent, Maria.
Harisson.....	—	Amanda, Admirable, Clio, Desdemona, Enchanteresse, Fairy (fée), Fama, Formosa, Florence, Globosa longiflora, Goldfinch, Madona, Météore, Perle (gem), Prima dona, Queen (reine), Rosabella, Vesta, Venusta, Zénobie.
Ivery.........	—	Iveryana.
Lane.........	—	Lanei.
Low.........	—	Bicolor.
Lucombe.....	—	Exoniensis. Bel hybride né du *Cordifolia* et du *Globosa*.
May.........	—	Floribunda magna, Pendula terminalis, Pulchella, Stylosa maxima.
Miller........	—	Constellation. Ce fuchsia avait été annoncé comme étant un hybride du *Fulgens* et du *Corymbiflora*; mais, n'ayant pas répondu à l'attente de son obtenteur, il fut supprimé l'année qui suivit sa publication.

2.

NOMS DES SEMEURS.	RÉSIDENCES.	NOMS DES HYBRIDES ET VARIÉTÉS.
Pontey.......	Angleterre.	Tricolor. Charmante variété qui se distinguait alors par la fraîcheur de son coloris.
Smith........	—	Britannia, Carnea, Champion, Dalstoni, Défiance, Coronet, Eclipse, Elata, Globosa Smithi, Insignis, Invincible, Mirabilis, Princeps, Pulcherrima superba, Queen Victoria, Majestica nova, Reflexa.
Standish.....	—	Aurora, Delicata, Hébé, Standishi, Attraction, Colossus et Président. Ces trois derniers fuchsias datent de 1844; ils proviennent, comme on l'a dit ci-dessus, de l'union du *Corymbiflora* avec le *Formosa elegans* de Thompson.
Todd.........	—	Toddiana.

Variétés parues de **1844** à **1848**.

NOMS DES SEMEURS.	RÉSIDENCES.	NOMS DES HYBRIDES ET VARIÉTÉS.
Demouveaux.	Lille.	Armide, Esmeralda, Fanny Essler, Fleur-de-Marie, Flavescens, Gabrielle d'Estrées, Jeanne d'Arc, Marie-Louise, Masséna, Napoléon, Princesse de Lamballe, Roi de Rome, Triomphe de Miellez, Scaramouche.
Oudin	Lisieux.	Cléopâtre.
Salter........	Versailles.	Amadis, Andromeda nova, Atrosanguinea, Beauté parfaite, Bianca, Comte de Beaulieu, Etoile de Versailles, Eulalie, Evelina, Félicité, Géant de Versailles, Hercule, Gladiator, Jupiter, Leverrier, Madame Thibaut, Mentor, Pie IX, Phosphorus, Président Porcher, Punch, Pyrole, Reine des Français, Rose quintal, Rêve d'amour, Sylphide, Triomphe de Salter.
Souchet......	Fontainebleau.	Apollon.
Bell.........	Angleterre.	Delicata (c'est une provenance de la Vénus Victrix, Hébé, Fairy Queen (Reine des Fées), Newbury.

NOMS DES SEMEURS.	RÉSIDENCES.	NOMS DES HYBRIDES ET VARIÉTÉS.
Dyckson......	Angleterre.	Acantha, Great Britain (Grande-Bretagne.
Cripp's.......	—	Ellen (Hélène). C'est une amélioration de Vénus Victrix.
Epss...	—	Comtesse Cornwallis, Lady Julia, Lady Maria, Reine de Beauté, Reine des vierges.
Fowley......	—	Exquisita, Haitstone.
Gaine........	—	Climax, Duchesse de Sutherland, Favorite, Lord Hill.
Girling	—	Delicatissima, Formosissima.
Halley.......	—	Amiral, Empress (Impératrice), Candidissima (variété issue de Vénus Victrix), King John (le roi Jean), Marginata (cette variété, malgré son titre, était unicolore), Princesse Sophie, Rosabella.
Harisson.....	—	Amulette, Corinne, Dame du Lac, Desdemona superba, Diana, Emperor, Fair Rosamund (Belle Rosamonde), Fama, Félix, Globosa dealbata, Hébé, Josephus, Madame Harrisson, Nestor, Portrait, Præceptor, Queen Victoria (Reine), Utopia.
Henderson ...	—	Madame Irland.
Jenning......	—	Giantess (Géante), Renown, White Perfection (Blanc perfection).
Ivery	—	Duchesse de Kent, Trafalgar, Orgueil de Peckam, Sir Henry Pottinger, Sir Williams Magney.
Knight.......	—	Conspiena, Globosa magna, New Globe (Nouveau-Globe), Queen Victoria (Reine), Nec plus ultrà.
Low.........	—	Oberon, Sunset.
May.........	—	Princesse Alice, Princesse Louise, Purity.
Miller........	—	Brutus, Captivation, Chubby-Boy, Magnum-Bonum.
Newbury	—	Delicata.
Nichol's......	—	Beauté de Leed's.

NOMS DES SEMEURS.	RÉSIDENCES.	NOMS DES HYBRIDES ET VARIÉTÉS.
Passingham...	Angleterre.	Conqueror, Duc de Cornwal.
Pince........	—	Corallina (variété du Radicans qui a donné naissance à un nombre infini de variétés).
Smith	—	Eminent, Eximia, Expensa, Gigantea, Grand-Duc, Hector, Junius, Queen Victoria (Reine), Vesta.
Standish.....	—	Attractor.
Tiley........	—	Aurantia, Lady William Powlet.
Turvill.......	—	One in the Ring, Phœnix, Pickwick.
Youell	—	Agnès, Conqueror, Queen Victoria (Reine), Sans pareil.
Wright	--	Leucantha.
Werschaffelt (L.)	Belgique.	Apollo, Ludovici.

Variétés publiées en **1849**.

NOMS DES SEMEURS.	RÉSIDENCES.	NOMS DES HYBRIDES ET VARIÉTÉS.
BAUDINAT. ...	Meaux.	*Victor Hugo*, première génération du *Corallina.*
DE COURCELLES	—	*Corymbiflora alba.*
DEMOUVEAUX..	Lille.	*Julia Grisi, Général Négrier, Modèle.*
DELBAERE.....	Belgique.	*Perfection ; Serratifolia alba*, hybride né du *Serratifolia*, fécondé par le *Napoléon ?*
VAN HOUTTE..	—	*Syringæflora.*
DODD	Angleterre.	*Magnifique.*
GAINE........	—	*Infant d'Espagne* (Spanish Infant).
KENDALL	—	*Elisabeth.*
MAYLE.......	—	*Enchanteresse.*
KEYNE	—	*Admirable.*
SMITH........	—	*Beauté de Dalston, Docteur Smith,* variation du *Corallina ; Orion, Lord Nelson.*
TURVILL.....	—	*Perle* (gem).

Variétés de **1850**.

NOMS DES SEMEURS.	RÉSIDENCES.	NOMS DES HYBRIDES ET VARIÉTÉS.
BAUDINAT.....	Meaux.	*Tom Pouce.*

NOMS DES SEMEURS.	RÉSIDENCES.	NOMS DES HYBRIDES ET VARIÉTÉS.
DEMOUVEAUX..	Lille.	*Conciliation, Duchesse de Bordeaux, Cramoisi parfait, Elise Miellez, Général Changarnier, Général Oudinot, Président Porcher.*
DE JONGHE....	Bruxelles.	*Abondance, Emma.*
GAINE........	Angleterre.	*Minerva superba.*
KENDALL......	—	*Globosa alba grandiflora, Hébé, Docteur Gross, Novelty.*
HENDERSON....	—	*Don Juan, Perle de l'Angleterre.*
MAYLE.......	—	*Bride, Diademiflora, Hébé* ou *Alba reflexa.*
PROCTOR......	—	*Beauté suprême.*
RUMLEY et GLASSCOCK	—	*Beauté de Richemont* et *Beauté de Stratford.*
SALTER.......	—	*Alfred.*
STORY........	—	*Multiplex, Striata.*
VEITCH.......	—	*Ignea.*

Variétés de **1851**.

NOMS DES SEMEURS	RÉSIDENCES	NOMS DES HYBRIDES ET VARIÉTÉS
DEMOUVEAUX..	Lille.	*Mazeppa,* Mme *Lebois,* Mme *Haquin.*
BANK.........	Angleterre.	*Conspicua, Expansion, Princesse, Voltigeur.*
BATTEN.......	—	*Clapton Héros.*
ARTWELL.....	Belgique.	*Splendens arborea,* provenance du *Cordifolia.*
MAYLE.......	Angleterre.	*Standard of Perfection.*
NICHOL'S.....	—	*Prince Arthur.*
SMITH........	—	*Alpha, Sydonie.*

Variétés de **1852**.

NOMS DES SEMEURS	RÉSIDENCES	NOMS DES HYBRIDES ET VARIÉTÉS
DEMOUVEAUX..	Lille.	*Roi des fuchsias, Cerasiformis, Ochroleuca.*
BANK	Angleterre.	*Gaieté, Jeanne d'Arc.*
HENDERSON....	—	*Hendersoni, Resplendens, Splendidissima.*

NOMS DES SEMEURS.	RÉSIDENCES.	NOMS DES HYBRIDES ET VARIÉTÉS.
MAYLE	Angleterre.	*Lady Darmouth.*
STORY	—	*Agnès.*
TURNER	—	*Amy.*

Variétés de **1853**.

NOMS DES SEMEURS.	RÉSIDENCES.	NOMS DES HYBRIDES ET VARIÉTÉS.
DEMAY	Arras.	*Georgina, Jason, Paganini.*
DEMOUVEAUX	Lille.	*Mazeppa superba, Tom, Transcendant.*
NARCIS	Evry-lès-Châteaux (Seine-et-Marne).	*Madame Aubergé, Madame de Magnitot.*
DENDER	Coblentz.	*Princesse de Prusse.*
DOMINY	—	*Dominyana.*
BANK	Angleterre.	*Ariel, Autocrate, Clio, Empress, Glory, Lady Cawendish, Oméga, Reine de Hanovre.*
GAINE	—	*Refulgens.*
EPSS	—	*Novelty* à fleurs doubles.
HARISSON	—	*Gloire d'Angleterre* (Glory of England).
HENDERSON	—	*Duchesse de Lancastre, Commodore, Exquisita, Monarque, Premier.*
SMITH	—	*Beauté, Lady Franklin, Miellezii, Télégraphe.*
TURNER	—	*Grandis, Modèle, Otello.*

Variétés de **1854**.

NOMS DES SEMEURS.	RÉSIDENCES.	NOMS DES HYBRIDES ET VARIÉTÉS.
Burel	Paris.	Variabilis, Madame Ernest André.
Duru	—	Victoire de l'Alma, Madame Duru.
Poisot	—	Triomphe de Poisot.
Demouveaux	Lille.	Stella.
Narcis	Evry-les-Chât.	Comtesse de Newkierke.
Th. Weick	Strasbourg.	Président Silbermann.
Bernieau (Léon).	Orléans.	Massue d'Hercule, M. Weick, Secrétaire Delaire, Vice-Président Jullien.

NOMS DES SEMEURS.	RÉSIDENCES.	NOMS DES HYBRIDES ET VARIÉTÉS.
Dieuzy.......	Versailles.	Président Gosselin.
Bank	Angleterre.	Elegans, Euterpe, Macbeth.
Batten	—	Amiral, Grandidissima.
Gaine........	Angleterre.	Miss Ostern, Refulgens.
Henderson....	—	Favorite ?, rouge et blanc.
Smith	—	Delicata.
Standish.....	—	Perfection.
Stoken.......	—	Duc de Wellington.
Turner.......	—	Miss Hawtrey.
Dender.......	Coblentz.	Princesse de Prusse.
Schüle	Allemagne.	Fiorella.

Variétés de 1855.

NOMS DES SEMEURS.	RÉSIDENCES.	NOMS DES HYBRIDES ET VARIÉTÉS.
Baudinat.....	Meaux.	Belle Etoile, Fanny Webb, Etoile du Nord.
Demouveaux .	Lille.	Impératrice Eugénie, Figaro.
Lusson.......	—	Grandiflora.
Narcis	Evry.	Arthur de la Ferté, Charles Mieg, Jules Bazille, Marie Perthuis.
Odier........	—	Gédéon, Revoluta.
Schüle.......	Stuttgard.	Ad. Weick, Elisa.
Dender.......	Coblentz.	Aurora, Formosa.
Batten.......	Angleterre.	Ch. Palmer.
Bank.........	—	Beauté du Bosquet, Climax, Favorite, Grand Sultan, Jeune Fille de Kent, Omer-Pacha.
Lacombe et Pince..	—	Florence Nightingale, Galantiflora, Violæflora flore pleno.
Smith........	—	Omer-Pacha.
Story....... .	—	Empress Eugénie, Dame du Lac, mistress Story, Prince Albert, Rafaëllo, Queen Victoria, Ranunculæflora, Snow Dropp, Water Nymph.
Turner.......	—	Thalia.

Variétés de **1856**.

NOMS DES SEMEURS.	RÉSIDENCES.	NOMS DES HYBRIDES ET VARIÉTÉS.
Baudry	Avranches.	Joseph Baudry (variété à fleurs doubles).
Boucharlat	Lyon.	Anna, Rosea splendida.
Demouveaux	Lille.	Bellidiflora, Caméléon, l'Espérance, Surprise.
Narcis	Evry (S.-et-M.)	Ernest d'Evry, Estelle d'Evry.
Gendbrugge et Coëne.	Belgique.	Striata formosissima, Rosalba, Globosa ranunculiflora plena.
Dender	Coblentz.	Alma, Docteur Wirtger, Princesse Louise.
Rother	Allemagne.	Gloire de Neisse.
Bank	Angleterre.	Charlemagne, Dona Joaquina, Empereur Napoléon, Reine des fées (Fairy Queen), Vénus de Médicis, Volcano di aqua.
Epss	—	Wonderfull.
Henderson	—	Prince de Galles (Prince of Walles).
Salter	—	Miss Nightingale.
Smith	—	Amiral Boxer, Conqueror, Général Williams, Perle de With.
Story	—	Astre (Star), Comtesse de Burlington, Dandy Diamont, Gloriosa superba, Pilote.
Veicht	—	Malakoff, Pendulina.

Variétés de **1857**.

NOMS DES SEMEURS.	RÉSIDENCES.	NOMS DES HYBRIDES ET VARIÉTÉS.
Bank	Angleterre.	Albert Smith, Catherine Hayes, Cœur de lion, Etoile du Nord, Fairest of the fair, Fair Oriana, Little Bopéep, Little Treasure, Silver Swan, Souvenir de Chiswick, Star of the Night, Tristam Shandy.
Baudinat	Meaux.	Incomparable, à fleurs doubles.
J. Baudry	Avranches.	Colonel G. de Conseil, général Chartier, Madame Berryer.
Boucharlat	Lyon.	Virginal.

NOMS DES SEMEURS.	RÉSIDENCES.	NOMS DES HYBRIDES ET VARIÉTÉS.
Coëne et Van Houtte	Gand.	Globosa plenissima, Montgolfier.
Demouveaux .	Lille.	Imperialis flore pleno, Virgo Maria.
Dubus	—	Coronata flore pleno, Roi des blancs.
Duru	Ville-d'Avray.	Monsieur Desvallières.
Duval........	Bellevue.	Gloire de Bellevue.
Erben........	Allemagne.	Balduin, Crenulata, Cuspitata, Loreley, Mosella, Prince Edouard, Rhenus.
Koch.	—	Crinolineformis, Gloire de Russelsheim, Lina de Mayence, Louis Weinrick, Madame A. Koch.
Kreetsmarr...	—	Saturnalia.
Lee..........	Angleterre.	Daniel Lambert, Mistress Simpson.
Mézard.......	Puteaux.	Louise Mézard.
Midler.......	Lille.	Flavescens superba.
Naris........	Evry-lès-Chât.	Hippolyte de Perthuis.
Pond	Angleterre.	Cedonulli, Miss Bailey, Royal Victoria.
Renoult......	—	Auguste Renoult.
Smith........	—	Adonis, Gloriosa superba, Marchioness, Marquis.
Turner.......	—	Eugénie Turner.
Veicht.......	—	Princesse royale.

Le mérite de la plupart de ces nouveautés ne nous est pas encore assez suffisamment connu pour qu'il soit possible d'émettre un avis en parfaite connaissance de cause. Pour cela, il convient d'attendre la prochaine floraison. Cependant, on trouvera consignés à la Monographie les quelques renseignements que nous avons pu obtenir.

Les amateurs, à cet égard, peuvent consulter deux belles planches coloriées représentant les fuchsias *Globosa, Plenissima* et *Rosalba ;* elles se trouvent dans la *Flore des serres,* publiée à Gand par M. Van Houtte, t. 1er, 2e série, p. 169 et 187.

Comme annexe à son *Catalogue de plantes nouvelles*, 1857, M. A. Miellez, de Lille, a publié une charmante planche coloriée représentant les nouveautés qu'il met cette année dans le commerce, à savoir : le *Roi des blancs*, *Virgo Maria*, *Imperialis flore pleno*, *Flavescens superba* et *Coronata flore pleno*, qui ont été mentionnées ci-dessus.

L'heureux obtenteur ou possesseur de ces belles variétés affirme, ce que l'on est amené à penser naturellement à l'aspect de ce gracieux dessin, que ces cinq variétés sont les meilleures plantes qui existent dans le genre fuchsia.

Une autre bonne fortune semble être réservée aux amateurs de fuchsias, si l'on s'en rapporte à l'annonce faite par le catalogue de M. J. Linden, de Bruxelles, qui se distingue, comme on le sait, par l'introduction incessante de plantes remarquables. Prochainement, il mettra en vente deux espèces décrites dans la monographie, qu'on ne possédait pas encore à l'état vivant, les fuchsias *Apetala* et *Quinduencis* et un nouveau fuchsia dont la description botanique ne nous est pas encore connue, et qui est désigné sous le nom de *Cinnabarina*.

§ III. — Origine et caractères des variétés jardinières.

Le nombre des variétés de fuchsia, comme on vient de le voir, est considérable, et chaque jour il tend à s'accroître, tant est grande la puissance de variabilité du fuchsia. Il en est ainsi de toutes les plantes, en général, lorsqu'elles ont perdu de leur habitude et que leur stabilité a été ébranlée par la voie du semis, leurs caractères secondaires s'altèrent plus ou moins, et bientôt il apparaît des variations à l'infini.

Il faut dire que ce qui tend aussi à en accroître

le nombre, c'est la trop grande facilité qu'ont les producteurs à créer de nouvelles variétés, dont l'amateur, à son grand désappointement, mais trop tard, reconnaît la médiocrité. A plusieurs reprises et avec énergie nous avons protesté contre un abus qui porte un véritable préjudice aux intérêts commerciaux de même qu'à la science horticole.

Dans l'introduction de la deuxième édition, 1848, nous disions et nous répétons qu'il est à désirer que les producteurs mettent de la réserve et du discernement dans le choix de leurs graines, et que c'est un devoir pour eux de rejeter les plantes médiocres et celles qui présentent de l'analogie avec celles déjà obtenues. S'il en était autrement, les déceptions continuelles qu'on éprouve en achetant, à des prix élevés, des variétés douteuses, incertaines, analogues ou même quelquefois presque identiques, pourraient bien amener le découragement et faire négliger la culture de ce genre si gracieux.

Personnellement, nous avons éprouvé tant de fois des mécomptes de ce genre en recevant de mauvaises plantes sous les noms les plus emphatiques, que nous ne saurions trop insister auprès des semeurs, en leur recommandant de se défendre d'un enthousiasme irréfléchi et, avant de les livrer au commerce, de s'assurer à l'avance du mérite réel des plantes.

Quant à ceux qui sciemment tromperaient la bonne foi publique par de fallacieuses annonces, il n'est pas inutile de leur dire qu'ils s'exposent, en certains cas, à des poursuites judiciaires pour délit de tromperie sur la nature de la marchandise, et de les prémunir ainsi contre des actes qui tout au moins blessent la délicatesse.

Rechercher quel est le point de départ de chacune de ces variétés serait bien une opération de quelque intérêt pour la science ; mais, à la suite des croisements multipliées que l'horticulteur a effectués entre les espèces et les variétés de fuchsia, cette recherche est presque devenue impossible, du moins pour la plupart des variétés. Toutefois, à l'aide de certains caractères qui ne s'altèrent point et prédominent, on peut encore dire à quel type elles appartiennent et par suite les classer en quatre groupes dont les caractères sont bien distincts.

PREMIER GROUPE. — Il a pour type les fuchsias à courtes fleurs, tels que le *Microphylla*, le *Thymifolia*, le *Parviflora*, qui font partie de la section du *F. breviflorœ*. On les reconnaît à leur petit feuillage, à leurs fleurs ténues, dont la partie tubuleuse libre du calice est plus courte que le tube ou à peu près égale et à leurs étamines incluses.

Les variétés qui ont été désignées sous les noms de *Microphylla major*, *Microphylla reflexa*, *Miellezii*, appartiennent évidemment à ce premier groupe, et, de plus, on peut dire qu'elles proviennent du *Microphylla*..

DEUXIÈME GROUPE. — Il a pour type l'*Arborescens*, espèce qui se distingue des autres fuchsias par une inflorescence particulière. Ses fleurs forment une panicule trichotome, elles sont disposées à l'extrémité des rameaux et dressées. Les caractères de cette espèce nous semblent tellement différents des autres, en ce qui touche l'inflorescence, que j'ai lieu de m'étonner qu'on n'en ait pas formé une section, qui, en outre de l'*Arborescens*, aurait compris le *Macropetala*, dont l'inflorescence est semblable, au lieu de les confondre dans une section déjà très-nombreuse, celle des *Macrostemmœ*.

Parmi les variétés que l'on cultive, à notre connaissance, il n'en est qu'une seule, le *Syringœflora*, qui appartienne à ce groupe ; elle provient évidemment de l'*Arborescens*. C'est ce que la *Flore des serres* a dit, suivant nous, avec une juste raison.

TROISIÈME GROUPE. — Les *Macrostemmœ* sont le type de ce groupe ; en voici les caractères : feuilles verticillées, pédicelles axillaires, fleurs dont la partie tubuleuse libre du calice est plus courte que les lobes ou bien égale, étamines très-allongées, d'où le surnom de fuchsia à longues étamines.

Cette section, consacrée par les botanistes, comprend un très-grand nombre d'espèces, ce qui ne permet pas, de même que pour les deux premiers groupes, de rattacher chaque variété à telle ou telle espèce. Néanmoins, il est possible de dire quelles sont les variétés jardinières qui font partie de ce troisième groupe, comme ayant été obtenues de graines produites par l'une des espèces appartenant à la section des *Macrostemmœ*, dont elles ont conservé les principaux caractères.

On doit ranger dans ce groupe les fuchsias *Napoléon, Venus Victrix, Esmeralda, Flavescens, Acantha, Alfred, Conspicua, Blanc perfection, Diadème de Flore, Hébé, Prince Arthur, Princesse*.

Puis *Ariel, Gloire d'Angleterre, Duchesse de Lancastre, Lady Darmouth, Lady Franklin, Madame Aubergé, Adolphe Weick, Arthur de la Ferté, Charles Mieg, Clio, Princesse de Prusse, Thalia* et une foule d'autres.

Il est cependant quelques variétés dont l'origine se révèle par certains caractères particuliers. Ce sont celles qui sont issues du *Radicans* ou de ses sous-variétés provenant du *Corallina*, l'une des premières variations de l'espèce. On les reconnaît facilement aux caractères suivants :

Port élevé et souvent grêle ; tiges sarmenteuses, grimpantes ; feuillage vert foncé ; rameaux et nervures des feuilles de couleur purpurine ; fleurs rouge pourpré plus ou moins vif ; sépales souvent réfléchis, quelquefois horizontaux et même infléchis, comme le type ; corolle d'un violet foncé ou bleu violacé.

Au nombre des fuchsias obtenus de 1849 à 1851, nous citerons comme appartenant à ce groupe : *Alpha, Criterion, Ignea, Don Juan, Docteur Smith, Gabriel de Vandeuvre, Kossuth, Molière, Scribe, Striata, Victor Hugo, Voltaire, Voltigeur, Williamsi.*

De la seconde génération, nous extrairons les noms qui suivent : *Agnès*, à fleurs doubles ; *Berryer*, le *Collégien, Exquis, Fantôme, Glory, Grandis, Hendersoni* (à fleurs doubles), *Modèle, Orion, Perle de la saison, Perfection* (Bank), *Premier, Resplendens, Splendidissima, Standard* ou *Modèle de perfection.*

Enfin, parmi les variétés les plus récentes, on rencontre : *Autocrate, Climax, Elegans, Duc de Wellington. Empereur Napoléon, Favorite, Grand Sultan, Macbeth, Oméga, Omer-Pacha, Othello, Prince Albert, Télégraphe, Amiral Boxer, Dona Joaquina, Beauté du Bosquet, Charlemagne, Prince de Galles, Général Williams, Star, Volcano di aqua, Wonderfull.*

Les horticulteurs ont singulièrement abusé de la vertu prolifique des variétés issues du *Radicans* et des sous-variétés provenant du *Corallina*, et de la faculté qu'elles ont de donner des graines fertiles, en semant presque exclusivement de ces graines, au lieu de tenter d'en obtenir à l'aide de croisements entre d'autres espèces ou entre d'autres variétés. De telle sorte que beaucoup de nouveaux fuchsias issus de cette famille, dont ils conservent le caractère particulier, offrent beaucoup trop d'analogie.

Quatrième groupe. — Il comprend les fuchsias à

longues fleurs (*Longifloræ*), dont la partie tubuleuse libre du calice est deux ou trois fois plus longue que les lobes, étamines saillantes, tels que le *Corymbiflora* et le *Fulgens*. Les principaux hybrides ou variétés issus d'espèces faisant partie ce ce groupe sont les *F. Exoniensis, Toddiana, Standishi, Fulgens d'Ark* et *F. splendida, Etoile de Versailles, Géante* (Salter), *Reine des Français, Madame Thibaut, Madame Pelé, Salteri, Stylosa maxima, Corymbiflora albicans, Serratifolia alba* et *S. multiflora, Reine Victoria* (Queen) de Smith, *idem* de Harisson, *Youelli*. Dans ces derniers temps sont apparus : *Domyniana, Prince Jérôme* et *Pendulina*.

Depuis un certain temps les semeurs ont presque abandonné les espèces à longues fleurs, et dans leurs essais ils donnent, avec une certaine raison, la préférence aux graines produités par les fuchsias dépendant de la section des *Macrostemmæ*, car c'est de ce groupe que sont issues les meilleures variétés jardinières parues jusqu'à ce jour.

Cependant, si nous avions un conseil à leur donner, ce serait pour les engager à être moins exclusifs et à tenter de nouveaux croisements entre des espèces bien distinctes. Il serait surtout utile d'étudier avec soin le caractère des hybrides qui en proviendraient, de s'assurer de leur fécondité, de semer les graines en provenant avec le plus grand soin, pour vérifier si, à la deuxième ou troisième génération, ces hybrides font retour au type dont le caractère était dominant chez eux.

Nous aurons occasion de revenir sur ce sujet à l'article des *Semis*, et là, les précautions à prendre seront indiquées avec détail.

§ IV. — Conditions de la beauté d'un fuchsia.

Les signes auxquels on reconnaît la beauté d'un fuchsia ne sont pas de simple convention. Une mode passagère peut bien exiger, pour que la préférence soit accordée à une plante, qu'une sorte de bizarrerie règne dans la forme et le coloris, mais les règles de l'art et le bon goût finissent par prédominer. Ces règles, elles ont été retracées pour la première fois dans l'introduction de la seconde édition, les voici :

Le fuchsia doit présenter un port agréable, un beau feuillage. La préférence sera accordée aux variétés florifères ; ce sont, en général, celles d'une stature moyenne ou affectant une forme buissonnante. Le pédicelle de la fleur devra être assez long pour que celle-ci retombe avec grâce. La grosseur du tube sera dans une proportion convenable avec sa longueur ; s'il était trop mince, c'est un défaut capital. Les sépales ou lobes du calice égaleront la longueur du tube ; ils seront d'une bonne largeur, se tenant dans une position horizontale ou réfléchis ; s'ils étaient infléchis, on exigera, à peine de rejet, qu'ils soient assez ouverts pour qu'on distingue bien la corolle. Les fleurs à sépales étroits et allongés ne peuvent être considérées comme de premier ordre ; aux pétales de la corolle il faut de l'ampleur et une bonne tenue. Quant au coloris, on ne doit admettre que des nuances vives, éclatantes, et les couleurs ternes, fausses ou d'un effet médiocre seront proscrites. La condition essentielle est que la nuance des pétales soit en opposition avec celle du tube calicinal, de telle sorte que ces deux couleurs se fassent mutuellement ressortir. Les variétés unicolores, c'est-à-dire celles dont le tube et la corolle sont de la même nuance, ne sauraient, dans aucun cas, être considérées comme des plantes d'élite.

Telles sont les conditions de beauté dont la réunion fera considérer un fuchsia comme une perfection, ce qui sera extrêmement rare. En effet, que de variétés à tube mince, à sépales courts, allongés et étroits, à corolle de petite dimension, apparaissent chaque jour ! Cependant, dans les plantes qui ne réuniraient pas un tel ensemble, il s'en trouvera encore de méritantes; on fera donc un choix parmi elles des meilleures, qui tiendront le second rang.

Si les semeurs, avant de créer de nouvelles variétés, avaient consciencieusement soumis leur gains à l'application de ces règles, le nombre en aurait été réduit des trois quarts au moins.

§ V.   Variétés à fleurs doubles.

C'est en 1850 que sont apparues les premières variétés de fuchsia à fleurs doubles ; elles paraissent être issues du *Corallina*, qui, comme on l'a dit, est une variation du *Radicans*, et qui paraît avoir tendance, plus que tous les autres fuchsias, à communiquer à sa descendance la propriété de métamorphoser ses étamines en pétales, c'est-à-dire à donner des fleurs doubles.

Les *F. duplex* et *multiplex* avaient la corolle double, mais peu apparente, et la médiocrité de leurs fleurs les a fait négliger. L'*Agnès* de Story est venue ensuite, sans beaucoup plus de succès. Quoique d'une forme florale meilleure que les deux premiers, ce fuchsia n'a pas constaté un progrès bien réel, car sa duplicature est à peine plus visible que celle de ses deux devanciers.

C'est en 1852 que Henderson, horticulteur anglais, a obtenu un fuchsia à fleurs bien doubles et d'une bonne facture : le *F. Hendersoni* est une plante très-méritante; sa fleur est d'un rouge pourpré

3.

vif, à tube court, de moyenne grosseur ; sépales réfléchis ; la corolle est d'un bleu violet foncé, passant
au pourpre brun ; elle se compose de grands pétales
pendants et de petits pétales involutés, qui se recourbent avec grâce sur les lobes du calice.

L'année suivante, en 1853, parut une assez jolie
variété du nom de *Novelty ;* elle a été obtenue par
M. Epss : inférieure à l'*Hendersoni*, sa culture a été
bientôt négligée.

Dans le cours de la même année 1853, la série
des fuchsias à fleurs doubles s'est enrichie d'un gain
de M. Turner auquel a été donné le nom de *Grandis*. C'est une bonne plante qui, quoique inférieure
à celle publiée par M. Henderson, peut tenir un
rang convenable dans cette série. Sa corolle est
bien double et d'un beau coloris bleu foncé. Toutefois ce fuchsia est inconstant dans sa duplicature.

Ces deux variétés, à savoir *Hendersoni* et *Grandis*, étaient, jusqu'en 1856, les deux seules variétés
à fleurs doubles qu'on pût avec raison recommander. Mais, au printemps dernier, il est apparu quelques autres variétés de ce genre et les catalogues de
l'automne en annoncent encore de nouvelles. Nous
allons successivement les passer en revue.

Le *Galantiflora plena* de Lucombe et Pince a la
corolle double, mais peu apparente ; les pétales,
d'un blanc terne, manquent de développement.
Cette variété est d'un médiocre effet.

Une autre variété, également à fleurs doubles et
à corolle blanche, a été mise dans le commerce par
M. Smith sous la dénomination peu exacte de *F. ranunculiflora*. Sa fleur ne nous est pas encore connue.
En vain nous avons tenté d'en constater la floraison, en 1856, chez les principaux horticulteurs de
Paris et de Nancy ; il nous a été répondu que ce
fuchsia poussait très-peu et ne leur avait pas encore

donné de fleurs. Le sujet qui est dans notre collection manque de vigueur ; il mesure quelques centimètres, et il faut attendre à l'an prochain pour qu'il soit en fleurs.

Le fuchsia *Bellidiflora flore pleno*, obtenu par M. Demouveaux, jardinier de M. Dubus, à Lille, est loin de réaliser les espérances qu'on devait en attendre, d'après les annonces. La fleur est d'un blanc rosé verdâtre, nuance un peu terne, relevée toutefois par des macules roses ; tube faible, long de 15 millimètres ; sépales horizontaux, à pointes vertes réfléchies. La corolle est double ; elle se compose d'un petit groupe de vingt pétales serrés, de diverses grandeurs, d'une nuance violet carminé.

Joseph Baudry est un fuchsia à fleurs doubles obtenu par un horticulteur de ce nom résidant à Avranches. De même que le *Ranunculiflora*, il ne nous a pas été donné d'en voir la floraison. D'après le prospectus, ce serait la plus belle de toutes les variétés à fleurs doubles. La fleur serait d'un rouge éclatant, à tube court ; sépales larges, réfléchis ; corolle très-double, d'une belle nuance bleue. Ce fuchsia a le feuillage assez grand et paraît vigoureux.

Dans la *Flore des serres*, publiée par M. Van Houtte, tome Ier de la 2e série, 2e livraison, on rencontre le dessin colorié d'un fuchsia à fleurs doubles, gain de M. Gendbrugge, publié par M. Coëne, de Gand, dont l'édition a été cédée en sa totalité à M. Van Houtte : c'est le *Globosa plenissima ;* sa duplicature est compacte, le tube calicinal est rouge pourpré, très-court et ténu ; corolle pourpre violacé.

Un fuchsia qui rappelle un haut fait d'armes de notre armée d'Orient, *Malakoff,* suivant le journal anglais *the Florist,* serait le plus remarquable des fuchsias à corolle double. Ceci nous paraît douteux, à en juger par la fleur qui a été mise sous nos yeux, et il est à craindre qu'à l'aide d'un nom glorieux on ait fait passer une médiocrité. La fleur, rouge cramoisi pourpré, a le tube court et mince ; la corolle se compose de petits pétales serrés, formant un groupe de peu d'apparence.

Le *F. violæflora plena*, de Lucombe et Pince, est une variété bien supérieure à toutes celles que nous connaissons, même à l'*Hendersoni*, dont on trouvera une description analytique dans la monographie. Sa corolle est d'un beau violet bleuâtre foncé ; les pétales, au nombre de vingt environ, de diverses grandeurs, sont plissés et serrés et forment un petit faisceau arrondi qui offre une analogie parfaite avec une violette à fleurs doubles. Aussi, on peut dire que le nom donné à cette variété ne fut jamais mieux justifié, ce qui est un fait assez rare et pour cela qu'il est bon de relever. En dernier lieu, il convient de citer un beau fuchsia à fleurs doubles, mis dans le commerce par M. Smith, au printemps 1856, le *Star* (Etoile). Cette variété est une digne rivale du *Violæflora*, dont nous venons de parler. Sa fleur, rouge cramoisi-pourpré, a le tube court et peu renflé ; il est long d'un centimètre à peine, mais les sépales sont longs et totalement réfléchis. Corolle double, d'une jolie nuance violet purpurin ; par leur réunion, les pétales, de diverses grandeurs et en assez grand nombre, forment une petite boule sphérique.

Telle est la série des fuchsias à corolles doubles et leur historique. Il est évident, à notre sens du moins, que la limite du progrès en ce genre n'est pas encore atteinte et qu'on est en droit d'espérer de nouveaux perfectionnements.

Depuis la rédaction de ce paragraphe, les catalogues de nos principaux horticulteurs signalent l'apparition de nouveaux fuchsias à fleurs doubles. C'est l'*Incomparable* de M. Baudinat, jardinier de madame Dassy, à Meaux, auquel on doit déjà de très-bonnes variétés de fuchsia.

Puis le *Coronata flore pleno* de M. Dubus, de Lille, variété curieuse en ce qu'elle offre presque toujours deux corolles superposées. Si l'on en juge par la gravure publiée par M. Miellez, les sépales seraient infléchis et resserreraient un peu trop les pétales.

Enfin, l'*Imperialis* termine cette nouvelle série. Sa corolle s'ouvre, dit-on, gracieusement comme une jolie rose. Ce fuchsia est très-vigoureux, et il a, de plus, le mérite d'être très-multiflore.

La nuance de ces deux derniers fuchsias est dans le genre de celle de l'*Hendersoni*, tant pour le tube que pour la corolle. Il est à croire, d'après les gravures données et la description qui les accompagne, que c'est un progrès en ce genre que nous aurons à constater.

Dans le cours de l'impression, la fleur de l'*Incomparable* a été soumise à notre examen, et voici ce que nous avons constaté : la fleur est d'un rouge cramoisi pourpré ; tube mince, long de 20 millimètres ; sépales larges, plus allongés de moitié que le tube, totalement réfléchis ; corolle double, pourpre violacé, formée de pétales inégaux, de moyenne grandeur, tombants au lieu d'être involutés et serrés. Si cette fleur était à son état normal et ne se ressentait pas des influences atmosphériques, cette variété ne justifierait pas la dénomination pompeuse qui lui a été donnée.

§ VI. — Variétés à fleurs ou à feuilles panachées.

La première variété de fuchia dont les pétales offrent des stries ou panachures est le *Striata ;* elle a été mise dans le commerce, en 1850, par M. Story. Son tube calicinal est presque nul, les sépales se tiennent dans une position horizontale et leurs pointes sont un peu réfléchies ; la corolle est d'un violet pâle, rubannée ou striée de lilas violacé. Les pétales, quoique d'une bonne ampleur, sont involutés et tellement serrés entre eux que l'effet produit par les panachures, qui d'ailleurs sont inconstantes, est presque nul.

Cette plante, toute médiocre qu'elle est, a offert de l'intérêt aux semeurs comme étant le premier fuchsia à fleurs panachées qu'on ait obtenu. Nous disions, en 1854, qu'en semant avec persévérance des graines du *Striata*, on obtiendrait certainement mieux. Nos prévisions se sont réalisées, et, dans ce genre, il est apparu depuis peu de temps de nouvelles variétés. Plusieurs nous sont connues. De celles-ci nous parlerons en connaissance de cause. Quant aux autres, nous en ferons seulement mention.

Il en est une, émanant de Story et par lui dédiée au peintre Raphaël, qui présente avec le *Striata* un tel degré d'affinité que si, dans la comparaison faite entre elles, on n'apportait une extrême attention, il serait facile de les confondre l'une avec l'autre. La seule différence, ou du moins la plus appréciable, consiste en ce que le tube de la fleur du *F. Raphaël* est plus mince et que son coloris est un peu plus vif. Cette variation du *Striata* offre d'ailleurs les mêmes défauts que son type, à savoir : pétales trop involutés, panachures inconstantes, tube trop mince. Il est à regretter que l'habile semeur d'où elle émane ait mis en circulation une variété médiocre qui n'est, en quelque sorte, que la seconde édition de celle qu'il nous a donnée en 1850.

Le mérite de la varité dite *Perrugino* (le *Pérugin*), mise en vente par le même semeur, ne nous est pas connu, le sujet qui fait partie de notre collection n'ayant pas encore fleuri. La fleur est, dit-on, grande et belle, à sépales réfléchis; les pétales, dont les panachures d'un rouge pourpré se détachent sur un fond rose, s'ouvrent avec grâce. S'il en est ainsi, cette variété serait supérieure aux *F. striata* et *Rafaello*.

Variabilis est une variété française obtenue par M. Burel, de Paris; elle est issue du *F. Minerva superba*, et cependant elle ressemble à la *Perle de l'Angleterre*. Sa fleur est blanche, tube un peu fort, renflé dans sa partie médiane; sépales larges, horizontaux; les pétales sont d'un vermillon éclatant, panachés ou striés de blanc. L'inconstance de ces panachures lui a fait donner le nom de *Variabilis*. Dans tout le cours de l'automne dernier, un beau sujet, présentant 1 mètre environ de hauteur, que nous tenons de l'obtenteur, a donné de nombreuses fleurs rubannées de blanc d'un aspect charmant.

Un semeur d'Orléans, M. Léon Berniea, a obtenu un fuchsia à fleurs panachées qu'il a dédié au secrétaire de notre Société, M. Delaire, qu'une mort récente vient d'enlever à l'horticulture dans la force de l'âge. La corolle est d'un violet clair, panachée de blanc et de carmin; mais il est regrettable que ces jolies panachures, qui donnent à cette plante un attrait tout particulier, soient tout à fait inconstantes.

Le jardinier de M. Dubus, de Lille, a obtenu aussi une variété panachée à laquelle a été donné le nom de *Surprise*. Sa fleur ne nous étant pas connue, il nous est impossible d'en parler autrement qu'en répétant, d'après les catalogues, que la corolle de cette variété, qui est rose, serait largement striée d'un bleu violacé.

Passons en Allemagne, où nous trouverons la *Gloire de Neisse*, de Rother, dont la mise en vente a eu lieu au printemps 1856. Une gravure peu exacte en avait été donnée ; elle représentait ce fuchsia comme ayant un tube blanc pur et les pétales rouge-vermillon clair, rubannés de blanc ; tandis que la fleur est blanc rosé ou rose carné, et la corolle, d'un lilas rosé, est rubannée ou striée de blanc. Le coloris de ce fuchsia est un peu terne, sa forme et la tenue de la corolle ne sont pas gracieuses ; il est loin d'être une perfection, cependant il constate un progrès, et, à ce titre, il mérite d'être conservé, pour que ses graines servent à de nouveaux semis.

La Belgique nous a aussi donné sa variété panachée, sous le nom de *Striata formosissima*. Elle est loin de mériter le superlatif qui a servi à la qualifier. Voici la réalité : la fleur, en raison de sa forme, est peu gracieuse, et son coloris est terne ; sa nuance est d'un rouge cramoisi clair, sans éclat ; le tube, long de 25 à 30 millimètres, est de moyenne grosseur ; sépales plus courts, larges, écartés, à pointes infléchies, d'un coloris plus pâle que le tube ; la corolle est rubannée et striée de violet pâle, de rose tendre et de rouge ; pétales moins longs que les sépales, tout infléchis ; les étamines, exsertes, sont fréquemment pétaloïdes, ce qui alors offre la singularité d'une deuxième corolle superposée à la première, dont l'effet est plutôt bizarre que gracieux.

De cet exposé, il résulte que nos richesses en fuchsias à fleurs panachées ne sont pas encore bien grandes. C'est vers ce but que doivent tendre les efforts de nos cultivateurs, et il n'est pas douteux qu'on aura bientôt à enregistrer de nouveaux succès de leur part : car, comme nous l'avons déjà dit, dès que la stabilité d'une plante est ébranlée en un point, elle ne tarde pas à produire des variations incessantes.

Il est peu de familles de plantes où l'on ne rencontre des feuilles panachées. Le genre fuchsia, en cela, n'a pas voulu faire défaut, et il nous offre sa variété à fleurs panachées, *Foliis variegatis*, et qui a été improprement désignée sous le nom de *Fuchsia variegata*. Cette variété est originaire de Belgique ; elle a paru en 1852 ou 1853, sous le patronage de M. Van Houtte. La fleur est rouge pourpré ; tube de moyenne force, long de 20 millimètres, à sépales réfléchis ; corolle violet pourpré ; le feuillage est assez ample, ovale-arrondi et couvert de larges macules jaunes dans le genre de celles de l'*Aucuba*. Ce fuchsia est médiocre dans sa fleur ; son seul mérite consisterait dans les panachures de ses feuilles, ce qui a semblé généralement douteux, car à peine si on le rencontre dans les cultures.

CHAPITRE IV.

DE LA CULTURE DU FUCHSIA.

Maintenant que l'origine du fuchsia est connue, ainsi que l'historique de ses nombreuses variétés, venons à sa culture.

Il est un principe général qui est la base fondamentale de toute culture ; il s'applique au fuchsia de même qu'à toutes les plantes : c'est de placer l'arbuste dans des conditions analogues à celles où il se trouve dans son pays originaire.

Faute d'étudier suffisamment et de connaître ces conditions, l'horticulteur commet souvent de fâcheuses méprises, causes de son insuccès.

Ainsi, on ne doit pas oublier que, bien qu'il soit

originaire d'un pays où il règne une température chaude et sèche en général, le fuchsia se plaît dans les lieux ombragés, au milieu des forêts, sur les montagnes élevées, où il rencontre de la fraîcheur, de l'humidité et une bonne nourriture. C'est donc un véritable contre-sens que de mettre le fuchsia, pendant la période de sa floraison, en plein soleil, de le tenir dans des vases étroits et de ne lui donner que des arrosements rares et peu abondants. Il en résulte que la floraison est médiocre et que même les fleurs et les feuilles se dessèchent et tombent.

L'amateur de fuchsia ne perdra donc pas de vue que, pour obtenir un succès complet dans ce genre de culture, il faut tenir cet arbuste dans un endroit abrité du soleil et des vents, où l'on fera régner une certaine fraîcheur au moyen de nombreux et copieux arrosements, et en lui donnant une riche et abondante nourriture. Placé dans ces conditions normales, le fuchsia répondra aux soins intelligents qui lui seront donnés par une belle floraison et de longue durée.

Que si, au contraire, on donne au fuchsia une alimentation pauvre et de rares arrosements ; que, si on le place dans un lieu sec et aride, non abrité contre le soleil et le vent ; que si, par de fréquents arrosements et bassinages, on ne cherche pas à combattre la chaleur et la sécheresse, afin de réparer la déperdition qu'éprouve l'arbuste dans ces circonstances défavorables, alors la séve diminue, se ralentit, le sujet offre peu de vigueur, donne une floraison tout à fait médiocre. Dans le cas où cette situation se prolongerait, la séve diminue, se ralentit, la plante devient souffrante, les feuilles éprouvent une chute précoce et quelquefois même elle périt.

Pour éviter à l'amateur des mécomptes semblables, nous allons retracer succinctement le mode de culture à suivre, sans avoir la prétention que ce soit le meilleur. Toutefois, nous pouvons dire que ce mode de culture, sans être parfait en tous points, a cependant pour lui l'expérience de plusieurs années et le succès, ce qui est quelque chose.

Bien qu'il fût peut-être plus rationnel ici de prendre le fuchsia dès sa naisance et d'exposer d'abord ce qui a trait au semis et au bouturage, nous mettrons le lecteur, en le priant d'excuser cette licence, immédiatement en présence d'arbustes parvenus à leur développement, alors que, menacés par les gelées d'automne, on doit songer à leur rentrée.

§ I. — Rentrée et taille des fuchsias.

C'est vers la fin du mois d'octobre et avant les gelées, qui, à cette époque, sont quelquefois assez intenses pour les atteindre gravement, que les fuchsias doivent être rentrés soit dans une serre froide, soit dans une orangerie.

Dans le cours du mois suivant, au fur et à mesure que cesse la floraison, on soumet le fuchsia à la taille. Cette opération se fait avec discernement, de manière que chaque espèce ou chaque variété prenne la forme que réclame sa nature propre. Les variétés d'un port élevé seront dirigées en pyramide, celles dont les branches retombent avec grâce pourront être cultivées, si cela convient, sur de hautes tiges, en laissant leurs branches pendre vers le sol ; les variétés naines seront, au contraire, taillées sous la forme buissonnante.

On rapprochera les branches à quelques centimètres de la tige, plus ou moins, suivant leur élévation et leur direction. Si elles sont en trop grand nombre, on supprimera celles qui sembleront inutiles ou qui pourraient nuire au développement printanier de l'arbuste. La tige sera rabattue dans une proportion convenable avec la force et la dimension de l'arbuste, et l'on supprimera nécessairement la partie dont le bois ne sera pas arrivé à une parfaite maturité.

Dans le cas où l'on voudrait renouveler l'arbuste en son entier, la tige sera coupée presque au rez du sol. C'est un excellent moyen de procurer au fuchsia une tige plus vigoureuse et de l'amener à une belle et abondante floraison.

Si cependant l'on craignait que la taille ne favorisât un peu trop le développement des boutures à bois, au cas d'un hiver peu rigoureux, on pourra sans inconvénient retarder la taille jusqu'au mois de février. Quant à nous, faute d'un local spacieux pour rentrer une collection très-nombreuse, nous préférons tailler les fuchsias presque immédiatement après leur rentrée, et les amateurs qui se trouveront dans des conditions semblables aux nôtres, peuvent sans aucune crainte procéder dès le mois de novembre à la taille de leurs fuchsias, sauf à pratiquer à plusieurs reprises le pincement dont il sera question au troisième paragraphe.

§ II. — Du rempotage.

Le fuchsia, pendant la période de sa végétation, exige beaucoup de nourriture et de copieux arrosesements. On devra donc employer au rempotage des vases d'une dimension suffisante pour qu'il puisse y développer convenablement ses racines; ils seront proportionnés à la force et à la vigueur de chaque variété; leur diamètre pourra varier de 30 à 40 centimètres.

S'il s'agit de sujets qui ne sont pas encore parvenus

à leur entier développement, on fera choix de pots moins grands, sauf à réitérer le rempotage dans le cours de la saison, alors que le besoin s'en fera sentir.

L'époque la plus favorable pour cette opération est la fin du mois de février ou au plus tard la première quinzaine de mars, suivant l'état de la végétation, et, en tout cas, avant que les jeunes pousses, qui pourraient être endommagées dans ce travail, se soient développées.

Tout étant préparé pour le rempotage, à savoir, la terre ou compost, dont nous ferons connaître la composition, les pots et une certaine quantité de tessons ou d'autres débris pour le drainage, on procède de la manière suivante :

Le pot qui contient le sujet à rempoter est renversé pour en extraire la motte, et celle-ci est placée sur une table, où se pratique l'opération. Là, après avoir fait tomber à l'aide d'une petite baguette ou même des doigts une partie de la terre qui est consommée et peu adhérente, on coupe les racines au moyen d'un couteau à grande lame bien effilée, qui forment un épais chevelu, et on réduit ainsi les mottes au tiers ou aux deux tiers de la grosseur première.

Ceci terminé, il est fait choix d'un vase proportionné à la force du sujet, au fond duquel on place, pour couvrir le trou, soit une coquille d'huître, soit un tesson, que l'on recouvre, pour faciliter l'écoulement de l'eau, de quelques centimètres d'épaisseur de tessons ou de débris de briques finement concassés. Du gros sable où dominent de petits cailloux et des fragments de démolition peuvent encore être employés à cet usage. Puis, après avoir jeté par dessus quelques poignées de terre sans être foulée, on place au milieu la motte réduite, de façon qu'elle ne porte d'aucun côté sur les parois et que sa partie supérieure soit à une certaine distance des bords. On remplit ensuite avec de la terre, en appuyant légèrement avec les mains sur la motte pour l'assujettir et on tasse en frappant le pot à plusieurs reprises sur la table. Il est même utile, pour qu'il ne reste aucun vide, en tassant, d'enfoncer çà et là une petite spatule plate en bois entre les parois et la motte de terre.

En dernier lieu, le pot est rempli de terre, mais il faut avoir le soin de laisser un espace libre de 15 à 20 millimètres pour recevoir les eaux d'arrosement.

Le rempotage étant terminé, on vérifie si la taille faite précédemment n'aurait pas besoin d'être rectifiée pour établir un équilibre parfait entre les racines, la tige et les rameaux. Puis, après avoir donné un bon arrosement, on remet les arbustes dans la serre, à la place qu'ils doivent occuper jusqu'à leur sortie.

Telle est la manière que, depuis longues années, nous employons avec succès, au début de la saison, pour effectuer un rempotage unique.

Il n'en est plus ainsi pour les autres rempotages, qui, sans le moindre inconvénient et l'on peut même dire avec avantage, peuvent se pratiquer pendant la période de végétation, alors même que l'arbuste est en fleur ; mais, pour cela, il faut prendre certaines précautions sans lesquelles on s'exposerait à perdre ses plantes.

Si donc, dans le cours de la saison, l'on s'aperçoit qu'un fuchsia a besoin de nourriture, que ses racines tapissent entièrement les parois du vase, alors on ne doit pas hésiter à le rempoter. A la différence du premier rempotage, où l'on supprime une partie des racines et de la motte, on les conservera intactes, à moins que le chevelu ne soit en trop grande quantité ; alors, pour ce seul cas, on l'enlèvera légèrement avec les doigts, et il ne sera fait usage de la serpette que pour supprimer les parties déchirées. Après ce rempotage, l'arbuste sera placé à l'ombre, ou même sous un châssis à l'étouffée, s'il était arrivé dans l'opération quelque accident qui fût de nature à faire craindre un point d'arrêt dans le mouvement de la séve.

A l'article du bouturage, nous exposerons les règles à suivre pour le rempotage successif des jeunes boutures.

§ III. — De la terre propre au fuchsia.

Le fuchsia réclame un sol léger, perméable, pour que ses racines, qui sont ténues, puissent facilement le pénétrer, et cependant il doit y rencontrer des principes nutritifs abondants.

La terre la plus convenable à sa culture est celle qui se compose d'un tiers de terre de bruyère, d'un tiers de terre fraîche et légère et d'un tiers de terreau de feuilles, ou, à défaut, de débris de couche bien consommés. Dans le cas où la terre de bruyère ne serait pas assez sablonneuse, on fait une addition de sable limoneux dans le genre de celui que la Loire, à l'époque de ses grandes crues, abandonne dans les endroits qui sont à l'abri du courant.

Il est bon d'ajouter une certaine quantité de noir animalisé ou de poudrette ou de guano, dans des proportions modérées, surtout si l'on se sert de guano, dont l'excès est nuisible et souvent même mortel aux plantes.

Voici, au surplus, plusieurs recettes de compost données par d'habiles praticiens :

1º

Terre de bruyère grossièrement concassée...	40 parties.
Terre franche.	25 —
Terreau de feuilles	25 —
Poudrette	10 —
	100 parties.

2º

Terre de bruyère	40 parties.
Terreau de feuilles	30 —
Terre franche	25 —
Poudrette	25 —
	100 parties.

3º

Terreau de feuilles	40 parties.
Terreau	40 —
Sable	20 —
	100 parties.

La terre dite *gadoue*, qui provient des boues et immondices des villes, est employée par un habile cultivateur de fuchsias avec succès. Cette terre, dit-il, doit avoir un an et pas plus ; elle est passée au crible fin et on la mélange d'un cinquième de terre de bruyère.

Il nous semble qu'un tel compost offre les conditions de richesse et de perméabilité désirables, et que, s'il en était autrement, on pourrait facilement le modifier par une addition de sable, de terre normale ou d'engrais.

Disons en terminant qu'en cela il n'existe pas de règle absolue pour déterminer les proportions du meilleur compost devant servir à la culture du fuchsia. Le nombre et la quotité des éléments qui le composent peuvent varier à l'infini, et il sera propre à l'usage qu'on veut en faire si les conditions ci-dessus indiquées s'y rencontrent.

Il est une dernière recommandation à faire en ce qui touche l'emploi de la terre de bruyère, c'est de la concasser un peu grossièrement et d'y mélanger les radicelles après les avoir coupées. Cette opération a été conseillée, au sujet de la culture des camellias, par M. Lecomte, de Nancy ; elle est excellente et il est bon d'en faire l'application aux fuchsias. On se sert pour cela d'un coupe-racines, d'un hachoir ou de tout autre instrument analogue.

Ce que l'on vient de dire s'applique d'une manière générale à tous les fuchsias et est susceptible de quelque modification pour les espèces ou variétés délicates ; en ce qui les concerne, la terre devra être plus légère.

§ IV. — De la sortie des fuchsias.

Dans la première quinzaine de mai, en se conformant à la température, on sort les fuchsias de la serre et ils sont exposés au soleil, dans un endroit aéré, pour que les jeunes pousses ne s'étiolent pas, se raffermissent et prennent de la consistance. Cette sortie a lieu par un temps calme et couvert et en prévision d'une nuit chaude. Ils restent dans cette position jusqu'à la formation des boutons à fleurs, et, dès que les chaleurs commencent à se faire sentir, on les place à mi-ombre.

Il est plus d'une manière de disposer dans un jardin une collection de fuchsias ; celle que l'on doit adopter dépend du goût de chacun et surtout des exigences du local. Ils seront donc placés en ligne simple ou sur un double rang ou bien on les groupera en massifs.

Une disposition dont l'effet est des plus gracieux

consiste à placer les fuchsias sur une butte de sable plus ou moins exhaussée, par rang de taille et en variant les couleurs ; des touffes de mousse ou des plaques de gazon seront mises dans l'intervalle des pots, qu'on enterrera dans le sable jusqu'au rebord, afin de dissimuler l'aridité du sol et de procurer aux plantes une salutaire fraîcheur. Un tel massif, arrangé avec goût, offre un aspect ravissant ; nous le recommandons particulièrement aux amateurs.

L'exiguïté d'un jardin situé au centre même d'une grande ville ne nous permet pas de placer ainsi notre nombreuse collection de fuchsias. Pour la plupart, ils sont disposés sur un double rang et par ordre de taille autour d'un massif arrondi d'arbres et d'arbustes, qui projettent sur eux un ombrage bienfaisant.

D'autres, ou restent toute l'année en serre, ou y sont rentrés lors des grandes chaleurs de l'été ; mais, à cette époque, les châssis vitrés sont remplacés par des claies ou persiennes roulantes.

Il n'existe pas de différence sensible dans la floraison des uns et des autres. S'il y en avait une, ce serait en faveur des fuchsias placés au dehors et à mi-ombrage.

Ceci nous rappelle avoir entendu dire à M. Salter, alors qu'il résidait à Versailles, qu'il préférait tenir ses fuchsias toute l'année dans une serre hollandaise ; mais, en ce cas, pour éviter l'étiolement, il recommandait de leur procurer beaucoup d'air et de lumière. Cet avis de l'un des plus habiles praticiens doit être d'un grand poids ; cependant nous persistons dans l'avis que nous venons d'émettre.

Si nous sommes partisans d'une exposition au dehors, tout en reconnaissant que le résultat de ces deux modes de culture est peu appréciable, c'est à la condition que les fuchsias seront placés dans une situation semi-ombragée et qu'on entretiendra autour d'eux une atmosphère humide; mais il nous est impossible d'admettre l'opinion d'un autre praticien, qui conseille d'exposer les fuchsias à l'action directe des rayons solaires, même durant les chaleurs estivales; car, à moins de soins particuliers qu'il n'est pas possible à tous de donner, on aurait une floraison moins abondante et des fleurs plus petites offrant des nuances uniformes, plus vives et moins délicates.

Cette opinion se fonde sur ce que, dans la patrie du fuchsia, en Amérique, cet arbuste est exposé à un soleil ardent, qu'il supporte des chaleurs plus fortes que celles qui se font sentir en France. Mais on oublie, en cela, que le fuchsia végète dans les vastes forêts de l'Amérique, où il trouve un sol profond et une humidité salutaire; que, si on le rencontre aussi sur les montagnes, c'est à une grande altitude, au milieu d'un air pur et frais qui lui sied à merveille, au lieu que la chaleur brûlante et desséchante de nos contrées lui est essentiellement contraire.

Il est donc évident que ce serait placer le fuchsia dans des conditions anormales si, pendant l'été, on le soumettait à l'action directe du soleil. Cela est si vrai que l'horticulteur qui préconise ce mode de culture est obligé, pour lutter contre les inconvénients de son système, de recourir à des arrosements ou à des bassinages dix fois répétés par jour. Mais pour cela le temps manquerait à plus d'un, ce serait donc une difficulté vaincue pour en avoir une autre à résoudre.

Il est donc plus rationnel de placer le fuchsia dans une situation analogue à celle où il végète dans son pays natal, et de ne pas l'exposer à des éléments qui lui seraient contraires si on ne luttait pas avec succès contre eux.

§ V. — Du pincement.

Le rempotage étant effectué, les fuchsias sont placés dans un endroit aéré de la serre, non loin les uns des autres, de manière toutefois à ce que leurs branches ne se contrarient pas et pour que l'air et la lumière puissent circuler de toutes parts.

Bientôt après les pousses nouvelles se développent en trop grand nombre, ce qui oblige à en supprimer une partie. Dès que ces jeunes pousses ont développé quatre feuilles ou six au plus, elles sont soumises au pincement. Cette opération consiste à supprimer la partie supérieure en la pinçant avec les ongles du pouce et de l'index de la main droite ; elle a pour résultat de provoquer la formation et le développement d'autres bourgeons dans l'aisselle des feuilles conservées, dont l'avortement aurait eu lieu, faute d'une séve suffisante pour leur alimentation.

Le pincement devra être répété une seconde fois un mois environ après, alors que les pousses latérales qui se sont développées à la suite du premier pincement ont acquis de quatre à six feuilles.

Les variétés vigoureuses et qui menacent de s'emporter sont soumises une troisième fois au pincement. Pour peu qu'on ait d'habitude, il est facile de reconnaître quand et comment cette opération doit se pratiquer, à quelle époque elle devra être réitérée, et le temps où elle cessera d'être mise en pratique.

Le pincement est le véritable moyen à employer pour obtenir des plantes d'une forme irréprochable, parfaites sous tous les rapports, et pour avoir des sujets garnis de branches, n'offrant aucun vide. Il est vrai que l'on retarde ainsi l'époque de la floraison, mais on en est amplement dédommagé par la beauté et l'abondance des fleurs.

Ce retard varie suivant les variétés ; il est, terme moyen, de six semaines ou deux mois au plus. Ainsi, les fuchsias de notre collection soumis au pincement en mars, avril et même jusqu'au 15 mai, commencent à donner des fleurs à la mi-juin et sont en pleine floraison dans le cours des mois de juillet, août et septembre. Il est donc facile en continuant ou en cessant le pincement d'amener une collection de fuchsias à une floraison complète pour une époque voulue.

Le pincement est connu et pratiqué depuis un temps immémorial. Dans l'édition de l'*Almanach du bon Jardinier de 1755*, c'est-à-dire il y a plus d'un siècle, le rédacteur de l'un des plus anciens ouvrages sur le jardinage, insiste sur l'utilité incontestable, au regard des arbres fruitiers, de cette opération, qui n'est autre que le complément d'une bonne taille. Depuis, tous les auteurs sont unanimes pour reconnaître que le pincement s'applique également avec succès aux arbres et arbustes d'agrément. Il y aurait lieu de s'étonner qu'une opération aussi simple que facile à mettre en pratique, ait mis autant d'années à se vulgariser, et qui même aujourd'hui n'est pas encore assez répandue, si on ne savait par expérience que le vrai en toutes choses ne se fait jour qu'avec une extrême lenteur.

§ **VI.** — **Des arrosages.**

Il est une vérité acquise et qu'on ne saurait trop redire, c'est que le fuchsia se plaît dans une atmosphère humide, et que pour lui procurer une végétation luxuriante, il lui faut de copieux arrosements et de fréquents bassinages

4.

D'où la conséquence que, pendant la période de végétation, la terre devra être constamment tenue dans un état convenable d'humidité, tout en ayant la précaution d'éviter un excès qui amènerait la pourriture des racines, et par suite la perte de l'arbuste. Pour éviter ceci, on veillera avec le plus grand soin à ce que l'eau provenant des arrosages ou de la pluie s'écoule facilement des pots et n'y séjourne pas. Il y sera pourvu à l'aide d'un bon drainage, comme on l'a expliqué à l'article du rempotage; mais s'il arrivait que le passage de l'eau fût obstrué, soit par la terre que les lombrics ou vers de terre y amènent, soit par toute autre cause, on s'empresserait d'y remédier. L'humidité persistante de la terre est un indice certain d'un tel état de choses.

La quantité des arrosements varie suivant les saisons et la végétation de l'arbuste, on les proportionne à la plus ou moins grande déperdition que l'état de l'atmosphère lui fait éprouver.

Pendant l'hiver, qui est le temps de repos pour le fuchsia, on ne lui donnera que l'eau absolument nécessaire pour que la motte ne dessèche pas au point de nuire aux racines.

Après le rempotage, les fuchsias recevront un arrosage complet, de manière à ce que toute la terre soit complétement humectée, et on ne renouvellera les arrosements qu'en cas de nécessité absolue. Un excès d'humidité serait fatal à des plantes auxquelles on vient d'enlever une partie de leurs racines et dont l'équilibre dans les fonctions n'est pas encore rétabli. Mais dès que la végétation aura repris son cours, et que de nouvelles racines et de nouvelles pousses se seront développées, on augmentera progressivement les arrosages.

C'est au moment de la formation des boutons et

surtout pendant la période de floraison que les arrosages seront des plus copieux ; non-seulement on arrosera la terre des pots, mais à l'aide d'une pompe à main, on donnera de fréquents bassinages sur les branches et le feuillage. Pendant les grandes chaleurs de l'été, pour saturer l'air ambiant d'une humidité salutaire, on mouillera même le sol sur lequel sont placés les fuchsias.

Personne n'ignore que pendant l'été les arrosages du soir sont les meilleurs, et qu'au printemps, ainsi qu'à la fin de l'automne, il est préférable, à cause de la fraîcheur des nuits, d'arroser le matin. On se conformera donc à cette règle.

Rien d'absolu à l'égard des arrosements ne saurait être prescrit; il est impossible d'en indiquer le nombre, de dire quelle sera la quantité de l'eau à employer pour cet usage, de fixer les heures où ils auront lieu. L'homme intelligent comprendra que l'abondance doit dépendre des circonstances atmosphériques, de la position occupée par les plantes et de leur état de végétation.

Quant à nous, au lieu de donner à nos fuchsias en une seule fois une quantité d'eau trop grande, nous préférons des demi-arrosages, sauf à les renouveler une ou deux fois même par jour. Quand le temps est au sec et très-chaud, le soir après le coucher du soleil, pour tempérer la sécheresse de l'atmosphère, nous donnons, en outre, aux plantes un bassinage sur les feuilles et on arrose tout autour le sol sur lequel elles reposent.

On évitera autant que possible de faire usage des eaux de puits, elles sont généralement séléniteuses, c'est-à-dire qu'elles tiennent en dissolution une certaine quantité de carbonate ou de sulfate de chaux (craie ou plâtre), qui peuvent, étant en excès, nuire aux plantes. La préférence sera donnée aux eaux de pluie ou de rivière.

§ VII. — Des arrosages avec des engrais liquides.

Durant la période de temps qui s'écoule depuis le rempotage jusqu'à la formation des boutons, il conviendra de faire usage d'engrais liquides, dont l'effet est bien plus prompt que celui produit par les engrais organiques ou minéraux. C'est en saturant l'eau dans de certaines proportions de guano, de purin, de colle-forte, de poudrette, de crottin de cheval, de fiente de pigeon ou de poule, de noir animalisé, de bouse de vache, qu'on se procure des engrais liquides.

Ce n'est que depuis peu d'années qu'ils sont employés dans la culture des plantes, aussi l'efficacité de chacun de ces engrais et la dose dont on doit faire usage ne sont-ils pas encore parfaitement connus. Dans l'impossibilité de donner à ce sujet des règles précises, nous nous bornerons à quelques indications sommaires, invitant ceux qui désireraient avoir des notions plus approfondies à se reporter aux traités spéciaux, quoiqu'ils soient encore eux-mêmes loin d'être complets.

Toutefois, quelques mots sur le système des engrais, en faisant comprendre de quelle manière leur application doit se faire dans le jardinage, trouveront ici leur utilité.

Par leur analyse chimique, on a reconnu que les végétaux contiennent de l'azote, du carbone, de l'oxygène et de l'hydrogène, et dans des proportions très-variables des sels et des matières minérales insolubles, telles que silice, oxyde de fer, chlorure de soude et de potasse, des acides carbonique, phosphorique et sulfurique, et des carbonates, sulfates et phosphates de chaux.

C'est dans l'atmosphère que les végétaux trouvent

les gaz et dans le sol qu'ils puisent les sels qui sont sécrétés par des organes spéciaux.

On a fait la remarque que tous les sols indistinctement ne convenaient pas à la culture de toutes les plantes, ce qui tient à ce que la terre ne renferme pas les éléments nécessaires à la végétation de toutes les espèces de végétaux. Ceci explique comment on doit par des assolements renouveler les cultures et ne pas planter dans un terrain des arbres de la même essence que celle qu'on y a cultivée depuis un certain temps.

Il est donc facile de comprendre comment une terre s'épuise et peut devenir infertile, d'où la nécessité des engrais pour lui restituer sa fertilité première.

Si un sol devient improductif, si comme on le dit dans le langage vulgaire il est épuisé par des cultures précédentes, on y remédie en rapportant des engrais ou des amendements dans lesquels les végétaux pourront rencontrer les éléments qui sont nécessaires à leur vie. Dans les jardins, souvent on rapporte une terre neuve, sans se préoccuper assez des principes qu'elle renferme et de savoir s'ils conviennent à la culture spéciale qu'on veut y faire.

Les efforts de la science doivent donc tendre à constater quels sont les sels particuliers qu'une plante enlève à la terre, et à l'aide de quels engrais ou amendements, on peut les lui procurer.

Ce n'est que par une double analyse et du végétal, et du sol, qu'il est donné de savoir ce qui convient à l'un et ce qui manque à l'autre.

La chimie nous apprend qu'on retrouve dans les cendres des végétaux, les sels qui ont contribué à leur végétation. Il semble dès lors rationnel, avant de se livrer à la culture d'une plante, de connaître les éléments de sa constitution, afin de pouvoir les

lui procurer à l'aide d'engrais, préalabement analy-
sés eux-mêmes.

Telle est la théorie bien simple des engrais et des
amendements, dont l'application seule présente encore des difficultés sérieuses, que la science, sans
aucun doute, saura, dans un temps rapproché, résoudre au grand avantage de l'agriculture et de
l'horticulture.

Quoi qu'il en soit, à défaut de documents précis
sur l'emploi des engrais liquides, on est contraint de
marcher un peu au hasard dans cette voie, en se
livrant à des expérimentations.

Toutefois, il est des règles à suivre, sans l'observation desquelles l'existence des végétaux serait
compromise.

Les matières azotées étant nécessaires à la nutrition des plantes, et se trouvant en quantité tout à
fait insuffisante dans le sol, on doit par préférence,
faire choix de l'engrais qui fournit le plus d'éléments
azotés. S'il s'agissait de l'emploi d'engrais solides,
nous dirions que les débris d'animaux sont préféra-
bles aux engrais provenant de la décomposition des
végétaux, parce qu'ils contiennent bien plus de matières azotées. Les débris d'animaux sont d'ailleurs
plus facilement putrescibles et décomposables en
éléments propres à la nourriture des plantes : car
tous les végétaux ne peuvent s'assimiler que des produits solubles et gazeux, ce que démontre d'une
manière positive leur composition. Quant aux sels et
oxydes qui contribuent aussi à la nutrition des végétaux, ils se rencontrent en partie dans le sol, en
partie aussi dans les matières azotées qu'on y apporte
pour le fertiliser, ou bien encore on les y introduit
à l'aide d'amendements, tels que chaux, marne,
cendre, plâtre, etc.

Ce que nous venons de dire d'une manière sommaire, pourra être mis en pratique par l'horticulteur, alors qu'il préparera les composts dont il fera usage pour le rempotage.

Les engrais liquides présentent dans leur usage cet avantage, qu'au lieu de la décomposition plus ou moins lente des engrais solides pour que ceux-ci puissent agir, ils sont d'un effet plus prompt et presque immédiat. Aussi, ils doivent être administrés avec réserve, sans excès et par gradation. En effet, l'analyse a démontré que le guano, la colle forte, les urines, la poudrette, le sang, etc., etc., donnent lieu, après des transformations plus ou moins complexes, à des sels à base d'ammoniaque qui ont un principe caustique ; de telle sorte que si on emploie des engrais liquides trop concentrés, ou si l'on donne aux plantes des arrosages trop fréquents et trop abondants, on s'expose à porter atteinte à l'organisme végétal.

L'horticulteur qui fera emploi des engrais liquides devra donc agir avec une prudence extrême, sous peine de brûler les racines des végétaux par les sels ammoniacaux que ces engrais contiennent.

Pour les premiers arrosements, les matières employées à la préparation des engrais liquides seront étendues d'une plus grande quantité d'eau, qui sera augmentée successivement, de manière à habituer les plantes à ce traitement.

La force du liquide sera proportionnée au degré de vigueur des plantes ; celles-ci devront être reprises et en pleine végétation.

Par les temps humides et pluvieux, on pourra augmenter la dose de l'engrais, tandis que par les temps secs et chauds, elle sera réduite dans de certaines proportions.

On évitera de faire usage de l'engrais liquide, au milieu du jour et par un soleil ardent ; il convient mieux d'arroser le soir. Si la terre des vases est trop sèche, on la mouillera quelques heures avant, avec de l'eau ordinaire.

Les arrosements seront alternés avec ceux faits à l'eau pure, de manière à donner aux plantes de l'engrais liquide de deux jours un, ou même seulement deux fois par semaine.

Dès que les plantes commenceront à épanouir leurs fleurs, on devra cesser les arrosements d'engrais liquide.

Ceci posé, venons à l'application de quelques engrais, qui ont été l'objet d'expérimentations de la part de quelques horticulteurs.

Le PURIN, jus de fumier, est employé dans la grande culture, étendu d'eau dans une proportion double, en se réglant d'après la force et la nature des plantes soumises à cet arrosement, et, suivant la température qui règne, la quantité d'eau peut être portée à trois et quatre fois celle du purin. Pour ses boutures de fuchsia, M. Varangot commence ses arrosements par un liquide où il n'entre qu'un sixième de purin, et il l'augmente successivement jusqu'aux deux cinquièmes. Avec une dose aussi forte, on doit procéder avec une certaine attention.

Le GUANO est un engrais analogue à la colombine, il est produit par les déjections de nombreux oiseaux. On le rencontre dans plusieurs îlots de la mer du Sud, où il forme une couche dont l'épaisseur va, dit-on, jusqu'à 20 mètres.

Cet engrais est en grande partie formé de sels ammoniacaux et de phosphates alcalins et terreux; de même que la colombine, il contient huit parties d'azote.

Le commerce en livre de plusieurs qualités et de diverses provenances; celui qui a la réputation d'être le meilleur est le guano, que nous venons d'indiquer.

Comme le guano contient beaucoup de sels ammoniacaux, on doit s'en servir avec une extrême précaution. M. Lansezeur estime que la proportion de 500 grammes pour 200 litres d'eau est très-bonne. Cependant, il est d'autres horticulteurs qui pensent que cette dose est trop forte, et qu'il est prudent de la réduire de moitié. Au jardin d'expériences de la Société impériale d'horticulture de Paris, le guano est employé à raison d'un quart de litre pour un tonneau d'eau pure.

COLOMBINE et FIENTE DE POULE. — Cet engrais présente beaucoup d'analogie avec le *guano*. On peut l'employer de même ; cependant, comme il est moins énergique, la dose sera augmentée.

POUDRETTE. — L'usage de la poudrette seule, pour la composition d'un engrais liquide, n'est pas ordinaire, on la fait plutôt entrer comme l'un des éléments dans un compost ou dans un liquide. Cet engrais, d'ailleurs fort puissant, présente pour les jardins l'inconvénient d'une mauvaise odeur, qui peut être combattue avec une addition de couperose du commerce, à raison d'un kilogramme par hectolitre.

M. A. Massé, horticulteur à la Ferté-Massé (Orne), obtient d'excellents résultats dans la culture de ses fuchsias, avec l'engrais suivant :

Eau pure, 70 litres ; purin, 28 litres ; poudrette, 2 litres. Pour la seconde quinzaine, le purin est porté à 35 litres, et la poudrette à 5 litres. Enfin, pour la dernière période des arrosages avec les engrais liquides, le purin entre pour 50 litres, et la poudrette pour 10 litres, dans la composition du liquide, alors que l'eau est réduite à 40 litres.

BOUSE DE VACHE, CROTTIN DE CHEVAL. — Dans le journal de la société impériale d'Horticulture de Paris, juillet 1856, page 393, on trouve un article extrait du *Central Gartner*, où l'on indique le mode suivi par un horticulteur, pour l'usage de la bouse de vache.

Dans un tonneau de moyenne grandeur, M. Schulze met une brouettée de bouse de vache, et le remplit ensuite d'eau; il n'en fait usage que trois ou quatre jours après, en ayant le soin d'agiter le mélange. On peut, dit-il, renouveler l'eau plusieurs fois. Il l'emploie sans l'affaiblir, notamment pour les fuchsias, et avec succès.

On peut employer de même le crottin de cheval.

La COLLE FORTE ou gélatine a été récemment préconisée comme étant l'un des meilleurs engrais. M. E. Lierval, horticulteur aux Ternes-Neuilly, est le premier qui en a fait l'heureuse application aux plantes; le succès a été complet pour les pélargonium : quant à la culture du fuchsia, son application paraît avoir été favorable, mais les résultats sont encore demeurés incomplets.

Nous éprouvons le regret de n'avoir pu, comme nous en avions l'intention, faire à ce sujet des expérimentations.

On emploie 500 grammes de colle forte par 200 litres d'eau, pour les plantes en vases, et cette quantité est doublée pour les végétaux de pleine terre. Lé liquide est préparé de la manière suivante: la colle forte est placée dans 8 ou 10 litres d'eau, où on la laisse macérer pendant vingt-quatre heures, on fait bouillir le liquide jusqu'à ce que la gélatine soit complétement dissoute, puis on la verse dans un tonneau, avec la quantité d'eau prescrite. Sitôt après le refroidissement on peut s'en servir, en ayant le soin d'agiter le liquide.

Il a été dit que cet engrais avait pour effet,

ce qui a été contesté, de conserver une fraîcheur salutaire dans la motte des plantes cultivées en vases.

Au jardin d'expériences de la Société de Paris, le marc de colle est cité comme l'un des meilleurs engrais.

Après avoir passé en revue les principaux engrais liquides dont il est fait usage le plus fréquemment en horticulture, il convient de nous arrêter, sous peine de dépasser les limites que nous impose le cadre d'un ouvrage spécial. Le résumé que nous venons de présenter d'une manière succincte sur cette question, d'un intérêt général et s'appliquant à toutes les cultures, suffira sans doute pour initier ceux qui voudront se servir des engrais liquides aux principes qu'ils doivent suivre dans la pratique. Plus tard, la science se chargera de les conduire dans cette voie d'une manière plus certaine.

§ VIII. — Du soin journalier à donner aux fuchsias.

Un amateur soigneux devra chaque jour visiter sa collection de fuchsias. Les tiges seront assujetties avec des tuteurs, et les branches dirigées d'une manière convenable. Jeunes, ces branches se prêteront volontiers à la direction qu'on voudra leur donner; plus tard le bois devient cassant, et il serait presque impossible de les faire dévier de la position qu'elles auraient prise.

Les variétés seront dirigées suivant la tendance de chacune d'elles, soit en pyramides régulières, soit en touffes arrondies, soit enfin à tiges du haut desquelles retomberont vers la terre, avec grâce, leurs branches fleuries.

Il serait trop long d'indiquer quelles sont les variétés qui se prêtent à ces formes diverses; avec quelque peu d'habitude, cela se reconnaitra facilement. Nous dirons seulement que presque toutes les sous-variétés du *Corallina*, avec leurs tiges et branches sarmenteuses, sont disposées à s'élever et à laisser pendre leurs rameaux, et que parmi les variétés à large feuillage et à grandes fleurs, provenant de la section des *Macrostemmœ*, le fuchsia *Président Porcher* se prête à merveille à cette disposition.

Les autres soins à donner aux fuchsias ont été indiqués aux paragraphes relatifs au pincement et aux arrosages. Nous ne saurions trop recommander aux amateurs, dans leurs visites journalières, d'apporter un examen des plus attentifs sur la nécessité des arrosements et des bassinages, et de ne pas attendre que les feuilles, en se fanant, indiquent le besoin qu'elles éprouvent. Si l'on attend ce moment suprême, c'est au détriment de l'arbuste, qui dans tous les cas ne se remet pas complétement de l'atteinte qu'il a reçue; il faut donc éviter aux plantes de tels accidents.

L'humidité constante de la terre, provenant d'un défaut d'écoulement des eaux, comme cela a été exposé à l'article du drainage, sera l'objet d'une constante surveillance.

Il est en outre des soins de propreté que l'on devra chaque jour donner aux fuchsias, en enlevant les feuilles qui ont jauni, les branches mortes, ou celles qui auraient pu être cassées par le vent ou par tout autre accident, et les fleurs tombées.

§ IX. — De la culture du fuchsia en serre.

La culture en serre ne diffère pas de celle du fuchsia cultivé au dehors pendant la belle saison. La taille, le rempotage et les arrosements se font d'après les règles que nous avons exposées. La seule différence consiste dans des soins particuliers à donner aux fuchsias qui restent en serre toute l'année, afin d'éviter leur étiolement. Déjà, en citant l'exemple de M. Salter, nous avons eu occasion de dire que, suivant cet habile horticulteur, c'est une serre hollandaise qui convient le mieux à cette culture. En effet, la disposition d'une serre de ce genre permet de donner aux plantes plus de lumière et d'air. Toutefois, il ne faut pas proscrire pour cela les serres d'une autre forme, et l'on pourra très-bien utiliser celles que l'on possède, en ayant la précaution de mettre les fuchsias, pendant la période de végétation, près des vitraux, et en ouvrant, le plus qu'il sera possible, les châssis pour renouveler l'air.

Dans un article précédent, nous avons émis la pensée que la différence entre ces deux modes de culture est peu sensible, et que nous inclinerions plutôt à donner la préférence à la culture au dehors, à demi-ombrage, qui se rapproche le plus de l'habitude du fuchsia dans sa terre natale. La serre serait réservée, suivant nous, aux variétés délicates, qui ne seraient pas assez vigoureuses pour résister aux intempéries ou aux variations atmosphériques de nos climats.

Il est toutefois une culture en serre qui donne les meilleurs résultats, et à ce titre, elle ne saurait être trop recommandée aux amateurs. Elle consiste à livrer quelques fuchsias des espèces les plus sarmenteuses, à la pleine terre d'une serre, de manière à ce qu'ils puissent s'entrelacer aux colonnettes qui supportent les châssis de la serre, ou bien s'étendre au long d'un treillage.

Depuis plus de dix ans, nous cultivons ainsi quelques variétés, et les résultats obtenus sont en quelque sorte merveilleux. Ces fuchsias s'élèvent autour de légères colonnettes en fer, jusqu'à la hauteur de 2 mètres 66 centimètres à 3 mètres ; puis, étendant leurs nombreux rameaux à droite ou à gauche, que supportent des fils de fer, ils laissent tomber vers terre leurs élégants festons.

Le premier essai de ce genre que nous avons ainsi pratiqué, fut la plantation d'un *F. Radicans*. Cette espèce, très-peu florifère, fut bientôt remplacée par le *Corallina*, variété issue du *Radicans*, et plus florifère que le type. Ce fuchsia ne tarda pas à prendre un développement remarquable ; mais comme la forme de sa fleur laissait à désirer, il fut remplacé par une variété d'un mérite supérieur.

En ce moment, dans la pleine terre de notre serre, on peut voir le *Flavescens*, ancienne variété qui, bien qu'elle date de 1849, ne se distingue pas moins par l'élégance et l'abondance de ses fleurs ; le *Général Changarnier*, variété à large feuillage, et qui n'est pas assez sarmenteuse pour une telle destination ; le *Resplendens* (Henderson), dont les fleurs d'un rouge pourpré clair, étalent gracieusement leurs larges sépales, qui contrastent avec une corolle d'un beau rouge violacé ; l'*Elisabeth* de Kendall, variété de 1849, avec ses jolies fleurs d'un blanc rosé sur lequel tranche à merveille la corolle rouge carminé vif, fait pardonner son ancienneté et justifie qu'on lui laisse occuper la place où elle produit un très-bon effet ; le *Don Giovanni* (Don Juan), est le fuchsia qui semble le moins propre à cette culture, et il a été exclu de la serre pour être cultivé seulement en vases. *Glory* est encore une bonne variété pour cela ; elle est sarmenteuse, florifère, et ses fleurs ont de l'éclat. Mais rien ne saurait égaler l'effet produit par le fuchsia *Prince Albert*, de Story. Il en serait de même des variétés analogues, telles que : *Prince de Galles, Omer-Pacha, Amiral Boxer, Volcano di aqua*, *Climax*, et surtout le *Wonderfull*, de Epss, qui se distingue par l'ampleur, la forme et le coloris de sa corolle.

Au mois de juillet 1856, tous ces fuchsias étaient dans un état luxuriant de floraison, ce qui a été constaté par une commission de la Société d'horticulture d'Orléans.

Ainsi, on lit dans le rapport inséré au Bulletin, t. 5, p. 69, que le *Flavescens* étendait ses rameaux à plusieurs mètres de distance, et qu'on a évalué à plus de six cents le nombre des fleurs épanouies. Commencée en juin, cette floraison remarquable n'a cessé que dans les premiers jours de novembre.

Ces fuchsias sont plantés dans une excellente terre de bruyère, à côté de grands camellias; ils ont été, pendant toute la saison, copieusement arrosés avec de l'eau pure, à l'exception de quelques arrosements avec un liquide préparé avec du crottin de cheval, et on leur a donné de fréquents bassinages.

Cette culture est on ne peut plus facile, il faut seulement que la disposition des lieux s'y prête. A ceux pour lesquels elle est possible, nous la recommandons vivement, et ils auront lieu de s'applaudir d'avoir suivi nos conseils.

§ X — De la culture en pleine terre et à l'air libre.

Dans la première édition de notre Traité sur le fuchsia, en 1844, nous avons dit que cet arbuste pouvait très-bien se cultiver en pleine terre et à l'air libre. En Belgique, et notamment au jardin de Botanique d'Anvers, c'est ainsi que l'on cultive le *Fulgens*. On y dispose, à mi-ombre, des massifs avec plusieurs variétés du *Fulgens*, qui produisent un excellent effet.

Cette culture peut convenir également aux autres fuchsias, à l'exception des variétés délicates, et il y a tout avantage à disposer un groupe où les couleurs sont variées, et où les sujets sont rangés par rang de taille.

Le fuchsia pourrait bien strictement se contenter de la terre ordinaire du jardin; mais, pour qu'il puisse acquérir un développement remarquable, il convient de le planter dans un compost préparé, du genre de celui prescrit pour la culture en vases, c'est-à-dire terre de bruyère, terreau de couche bien consommé, et terre normale un peu sableuse, par tiers.

Les fuchsias doivent être mis en place vers le mois de mai, à l'époque où l'on ne craint plus les gelées printanières, afin que, se développant pendant la belle saison, ils soient parfaitement enracinés avant l'hiver, et en mesure de résister aux froids.

On ne saurait, dans notre pays, avoir la prétention de préserver les tiges de fuchsia contre les atteintes des gelées; elles ne résistent pas à l'action d'un froid de quelques degrés, à moins de leur procurer des abris qui seraient très-coûteux. Mieux vaudrait alors relever les fuchsias à l'approche des gelées, et conserver leurs racines tuberculeuses à l'instar des tubercules de dalhia. On se contente, en abandonnant les tiges aux effets du froid, de préserver les racines par une couverture de feuilles ou de litière, ou même par un simple buttage.

Au printemps, l'arbuste est découvert dans sa partie inférieure; les branches atteintes par la gelée ou par la pourriture sont coupées, et de la souche il apparaît bientôt de nouvelles pousses d'une vigueur extrême, et avec une telle abondance, qu'on est

est dans la nécessité, pour éviter de la confusion, d'en supprimer une partie.

Récemment, dans le journal publié par la société d'Horticulture du Bas-Rhin, tome II, n° 2, page 84, nous lisions que dans le jardin de la Robertsau, de beaux fuchsias ainsi cultivés, ont résisté à l'hiver rigoureux de 1854. Ce fait nous rappelle que, passant à Strasbourg au mois d'août 1856, et visitant le jardin des Plantes de cette ville, nous avons eu occasion d'admirer deux magnifiques sujets du *Syringæflora*, livrés à la pleine terre et dont la luxuriante végétation a excité notre admiration.

Quoi qu'il en soit, il nous semble plus prudent de ne confier à la pleine terre que les doubles de sa collection, pour le cas où un froid exceptionnel surviendrait et ferait périr tous les fuchsias cultivés au dehors. D'ailleurs, il me semble que la culture en vases pour une collection d'élite doit avoir la préférence.

Il est un mode de culture du fuchsia en pleine terre, qui paraîtrait sans doute quelque peu étrange, et à ce titre il mérite d'être signalé ; on en trouve l'indication dans le *Floricultural cabinet*. Il ne s'agit rien moins que de former une haie avec cet élégant arbuste.

M. Henri Bury dit qu'il est difficile, sans l'avoir vu, de se faire une idée exacte de la beauté d'une haie de fuchsia *gracilis*, formée dans les conditions suivantes.

Un an à l'avance, on prépare un certain nombre de sujets avec de vigoureuses boutures, dont les branches latérales sont rabattues à 15 centimètres de longueur, dans le double but de former une belle tige et de faire garnir la plante sur les côtés. A la fin de la saison, la tige doit mesurer 1 mètre 50 centimètres.

5.

Au mois d'avril, on ouvre une tranchée de 45 centimètres de profondeur, qui est remplie avec un bon compost, et les fuchsias y sont plantés. Ils sont assujettis à l'aide de tuteurs et l'extrémité de la tige est rabattue, pour provoquer l'émission de branches latérales. Il ne reste plus à leur donner que des soins ordinaires.

Vers la mi-novembre, l'auteur de ce système couvre les fuchsias avec un filet en laine, à mailles de 13 millimètres carrés, largeur suffisante pour laisser passer de l'air et de la lumière, et qui cependant garantit, suivant lui, les arbustes de l'action des gelées.

Au mois d'avril, on rapproche les pousses latérales à 15 centimètres, et l'on obtient une haie très-serrée qui, par la profusion de ses fleurs, produit un délicieux effet.

CHAPITRE V.

DE LA MULTIPLICATION DU FUCHSIA.

L'horticulture emploie trois modes pour la multiplication du fuchsia, à savoir, le bouturage, le semis et la greffe. Chacun de ces modes va être décrit dans un paragraphe particulier.

§ I. — Du bouturage.

Le bouturage est le moyen, comme on le sait, le plus généralement employé pour multiplier les plantes. A l'aide de la bouture on reproduit le même sujet d'une manière identique, tandis que par la voie du semis, pour des plantes sujettes à varier et dont la stabilité a été ébranlée, telles que le fuchsia, on n'obtient le plus souvent que des variations.

Lorsqu'un sujet est vieux et épuisé, qu'il ne donne plus que de maigres et petites fleurs, on le renouvelle à l'aide du bouturage et on lui substitue un jeune sujet provenant d'une bouture, qui a le double avantage de donner des fleurs plus belles et en plus grande abondance.

Le fuchsia se reproduit par boutures avec une étonnante facilité. Leur reprise s'opère sans le secours de la chaleur en 15 ou 20 jours au plus, il suffit de les placer sous cloches ou sous châssis. Elles réussissent même à l'ombre, en pleine terre sans abri. Inutile d'ajouter, ce que tout le monde comprendra très-bien, que dans une serre à multiplication, la réussite est plus prompte et plus efficace.

L'époque la plus favorable pour faire des boutures de fuchsia, est celle où l'arbuste commence à développer ses premières pousses, c'est-à-dire vers le mois de janvier ou de février, si les sujets sont placés dans une serre chaude ou dans une serre tempérée, ou seulement vers le mois de mars, s'ils sont tenus dans une serre froide ou une orangerie.

Le choix des boutures est un point essentiel. La préférence sera accordée aux pousses vigoureuses et trapues, et l'on rejettera celles qui sont étiolées, faibles, ou dont les boutons seraient déjà formés, avec lesquelles on n'aurait jamais que des sujets médiocres.

Les boutures devront avoir de 8 à 10 centimètres. Après avoir été incisées dans un entre-nœud, on les plantera dans de petits godets de 3 à 4 centimètres de diamètre, qui auront été préalablement remplis avec une terre de bruyère très-sableuse et tamisée, de manière à ce que les jeunes radicelles n'éprouvent aucun obstacle à leur développement. Un arrosement convenable ayant été donné, on placera les godets sous cloches, en les exposant à la chaleur modérée d'une serre à multiplication ou d'une couche sous un châssis; à défaut, ils seront mis à l'abri dans la serre.

Chaque jour les boutures seront visitées; on soulèvera les cloches pour essuyer la vapeur, dite buée, qui est condensée aux parois, et on examinera avec attention les boutures, afin d'arroser celles qui en auraient besoin et de leur donner les soins de propreté ou autres qui seraient nécessaires.

Sitôt que les boutures auront émis des radicelles autour des godets, elles seront retirées de dessous les cloches et on les accoutumera par gradation à l'effet de l'air extérieur. Quelques jours après, on leur donnera un rempotage dans d'autres godets plus grands, 5 à 6 centimètres, et les boutures seront de nouveau soumises à l'action de la chaleur modérée d'une couche sous un châssis.

Suivant en cela la température et la force de la végétation des plantes, on donnera des arrosages et des bassinages plus ou moins fréquents. Les boutures traitées ainsi ne tarderont pas à prendre un certain développement, et un mois environ après il sera nécessaire de les remporter pour la seconde fois. Ce rempotage aura lieu dans des vases de 8 à 10 centimètres, et cette opération sera réitérée une troisième fois, alors que les pousses auront tapissé les parois des godets. Les fuchsias seront mis alors dans des pots de 12 centimètres et rempotés avec la terre préparée pour la culture des grands fuchsias, et dont la composition a été donnée précédemment. Un quatrième et dernier rempotage sera effectué plus tard; et alors les jeunes fuchsias seront placés dans des vases de 25 à 30 centimètres, et même pour les variétés les plus vigoureuses, de 40 centimètres, où ils devront atteindre tout leur développement.

Ces rempotages successifs, si on a la précaution

de ne pas toucher aux racines, peuvent être, sans le moindre inconvénient, pratiqués en toute saison.

Tel est le mode que nous suivons et avec succès depuis quinze ans. C'est l'ancien système, celui des rempotages successifs, et tout vieux qu'il est, il n'en est pas moins bon.

Un habile praticien de Paris, M. Burel, procède autrement, et nous devons dire, en rendant hommage à la vérité, que cet horticulteur obtient ainsi des succès presque fabuleux. En effet, au cours des mois de juillet et d'août, nous avons vu dans son jardin et en pleine terre des pyramides de fuchsias, hautes de 1 mètre 60 centimètres à 2 mètres. Ces beaux arbustes, d'une forme irréprochable, présentaient une circonférence de 2 à 3 mètres, et une floraison extrêmement abondante venait compléter cet ensemble merveilleux. Véritables modèles de l'art, ces sujets provenaient de boutures faites au mois de janvier précédent.

Voici la manière d'opérer : les boutures étant reprises sont rempotées pour la première fois dans des godets de 5 à 6 centimètres, qu'on expose à la chaleur d'une couche tiède sous châssis. Un mois leur suffit pour arriver au développement qui nécessite un second rempotage, qu'on effectue dans des pots de 10 à 12 centimètres ; à l'expiration du second mois, on fait passer les boutures dans des vases de 30 à 40 centimètres, où elles devront accomplir toutes les phases de leur végétation annuelle. Ces jeunes plantes ainsi rempotées, resteront de vingt-cinq à trente jours sous châssis avant d'occuper la place qui leur est destinée dans une serre hollandaise.

Ne pas ombrer, habituer dès leur enfance les fuchsias à l'effet du soleil, tenir les vitraux des châssis ou de la serre d'une extrême propreté, placer les jeunes plantes dans une serre hollandaise, dès qu'elles auront atteint 50 centimètres de hauteur pour éviter l'étiolement ; entretenir une fraîcheur constante tant par de arrosements et des bassinages que par des mouillures dans les sentiers : telle est en abrégé la pratique suivie et recommandée par M. Burel.

Cette méthode, comme on peut en juger, exige des soins minutieux et un temps que souvent tout horticulteur ne peut donner à une seule partie de ses cultures. Il faut, dans l'exécution, apporter une extrême vigilance, et donner les soins avec précaution et intelligence. On ne devra pas oublier que le moindre oubli, la moindre faute, c'est l'auteur qui lui-même le dit, peuvent entraîner de funestes conséquences.

Le danger vient de ce que plaçant une jeune plante au centre d'un très-grand vase, les racines sont insuffisantes pour absorber l'humidité provenant des arrosements, et elles seraient exposées à une pourriture certaine, s'il n'y était suppléé par les évaporations provoquées par l'état atmosphérique et par la chaleur de la serre, que le talent du praticien sait combiner.

Ces difficultés et ces inconvénients ne se rencontrent pas dans le système des rempotages gradués et successifs.

Il appartient à chacun, suivant en cela ses appréciations personnelles, et encore les exigences des locaux dont il peut disposer, de faire un choix entre ces deux modes de culture.

Quant à nous, simple amateur, cultivant par nous-même, n'ayant à notre disposition qu'une serre à camellias et qu'un jardin situé au centre d'une grande ville et par conséquent d'une étendue restreinte, la nécessité de suivre la vieille pratique nous est en quelque sorte imposée, et nous sommes bien loin de nous en plaindre. Cependant, c'est une cause de regret pour nous, de ne pouvoir mettre à profit les enseignements de l'habile horticulteur que nous avons cité, en les exécutant dans toutes leurs parties.

Il est toutefois à remarquer que notre pratique offre quelque analogie avec celle de M. Burel, en ce qui concerne les plantes toutes formées; car, comme cela a été dit à l'article du rempotage, nous les plaçons immédiatement dans de très-grands vases, sans les soumettre à un second rempotage. Ce n'est que pour les boutures que nous suivons un procédé plus simple et par conséquent plus facile, et qui par suite convient mieux à un amateur.

Entre ces deux modes de culture, il en existe d'intermédiaires qu'il serait superflu de retracer. Cependant il en est un que nous ne devons pas taire et qui a été retracé par le journal de l'académie d'horticulture de Gand, tome 2, page 82. La méthode suivie et indiquée par M. A. Massé, horticulteur à la Ferté-Macé (Orne), offre beaucoup d'analogie avec celle de M. Burel; voici au surplus ce qui est prescrit par l'auteur, pour qu'un fuchsia puisse en quatre mois acquérir, suivant lui, des proportions hors ligne.

Vers le premier octobre, on rentre les fuchsias dans une serre tempérée. Les branches grêles et surabondantes sont supprimées, on rapproche les autres, afin d'exciter la formation et le développement de jeunes scions très-vigoureux. Une couche chaude est préparée en janvier dans le jardin, et après qu'on l'a recouverte de huit centimètres de terreau de feuilles, de sciure de bois ou de tan, on l'abrite avec des châssis peu inclinés.

Dès que la couche est en état, on fait choix pour les boutures des jeunes pousses les plus vigoureuses des variétés qui se prêtent à ce genre de culture. Elles sont coupées à 8 ou 10 feuilles et plantées dans de petits godets remplis de terre de bruyère très-sableuse, qui sont enterrés dans la couche préparée à cet effet. L'émission des racines provoquée par une douce chaleur a lieu dans un espace de 12 à 15 jours ; mais si la température extérieure était froide, il faudrait de 20 à 25 jours. On y remédie en préservant les boutures de l'action du froid par un double ou triple rang de paillassons.

Lorsque les racines tapissent les parois des godets, on rempote les boutures dans des pots de 7 centimètres avec de la même terre de bruyère sans mélange. Ces pots seront mis sur une nouvelle couche, qui aura été préparée à l'avance. L'exhaussement du châssis aura lieu en raison de la croissance des plantes. Toutes les fois que la température sera douce et que le soleil apparaîtra, on donnera de l'air, en soulevant légèrement les châssis.

Si les fuchsias sont bien dirigés, au commencement de mars ils devront avoir trente centimètres de hauteur. On donnera des bassinages une fois par jour, vers le milieu de la journée, et les châssis devront être un peu plus ouverts. Ce sera au commencement d'avril qu'il sera procédé à un second rempotage dans des pots de 12 centimètres, en faisant usage pour cela de deux tiers de terre de bruyère et d'un tiers de terreau de feuilles. Les boutures seront remises sur une nouvelle couche, et toutes les fois que le temps sera au beau, on les bassinera deux fois par jour.

Dans cette situation, les jeunes fuchsias poussent vigoureusement et se ramifient, et bientôt après, vers le 1er mai, on leur donne un troisième rempotage dans des pots de 18 centimètres, avec le compost suivant : terre de bruyère huit vingtièmes, terre franche cinq vingtièmes, terreau de feuilles quatre vingtièmes, et poudrette un vingtième.

A la suite de cette opération, les fuchsias sont transportés dans une bonne serre tempérée, sur des tablettes en gradins, exhaussés d'un mètre au-dessus du sol, pour être soumis au traitement particulier, qui, suivant M. Macé, doit produire une végétation tout-à-fait exceptionnelle.

C'est à l'aide d'arrosements avec des engrais liquides que ce résultat est obtenu. Le point essentiel au début, ainsi que nous l'avons déjà dit en parlant de l'emploi des engrais liquides, est d'accoutumer les plantes par gradation à l'effet de ces arrosements composés. Pour cela, tous les quinze jours, on augmente successivement la proportion des engrais à faire dissoudre dans l'eau.

Voici la composition du premier liquide dont on doit, suivant M. Macé, faire usage : *eau pure, 70 litres, purin 28 litres*, et *poudrette 9 litres*.

Et second lieu, et pour la deuxieme quinzaine, l'engrais sera ainsi composé : *eau, 60 litres, purin, 35 litres, poudrette, 5 litres*.

La préparation du liquide peut se faire dans un tonneau de 100 litres qui est placé à l'extérieur de la serre.

Lorsque les fuchsias ont passé un mois environ dans la serre, ils sont rempotés, vers la première quinzaine de juin, dans des vases de 35 à 40 centimètres, et on les arrose avec un engrais liquide plus concentré, dont voici les éléments : *eau, 40 litres, purin, 50 litres, poudrette 10 litres*.

Si l'on n'a pas à sa disposition du purin, où s'il répugne, à cause de la mauvaise odeur, de se servir de la poudrette, odeur que l'on peut d'ailleurs annuler à l'aide de la couperose (*voir* ci-dessus, p. 72), on pourra y substituer d'autres engrais, dans des proportions analogues et de manière à produire la même quantité d'éléments azotés, car c'est à la présence de ces éléments que l'on doit les effets surprenants des engrais liquides sur la végétation des plantes.

Les arrosements ne se feront qu'au moment du desséchement de la motte des pots, et il sera donné, par jour, cinq à six bassinages sur les feuilles, avec de l'eau pure.

Traités d'après cette méthode, les fuchsias commenceront à épanouir leurs fleurs vers la fin de juin. A cette époque, ils formeront de belles pyramides mesurant 1 mètre 50 centimètres de hauteur sur 1 mètre 25 centimètres de largeur. Leurs feuilles et leurs fleurs se feront remarquer par leurs dimensions et par leur coloration.

Tels sont les principaux modes de culture employés avec succès par les plus habiles horticulteurs, et quel que soit le choix qu'on fasse de l'un d'eux, pourvu qu'on se conforme exactement aux prescriptions données, on peut être assuré du succès.

§ II. — Semis, graines, fécondations naturelles et artificielles.

Une plante, dans son état naturel, se reproduit de graines d'une manière identique ; mais une fois que la culture est parvenue à ébranler sa stabilité, elle offre alors des variations à l'infini. Ces modifications sont le résultat de phénomènes morphologiques, quand on se borne à recueillir et à semer des graines récoltées sur un sujet qui a présenté des variations, sans qu'il y ait eu fécondation par le pollen d'une autre espèce ; mais ces changements doivent être attribués à l'action simultanée produite par la poussière fécondante de deux espèces ou variétés, s'il y a eu un croisement entre elles.

Le premier point serait donc, pour obtenir des variétés, d'ébranler la stabilité d'une plante, en d'autres termes, de lui faire perdre son habitude, ce qui a lieu, comme l'enseigne le savant professeur M. Lecoq, au moyen de semis successifs, effectués dans des conditions diverses de climat, de température, de terrain et d'humidité. Quant à ce qui regarde le fuchsia, objet spécial de notre étude, ce but a été depuis longtemps atteint, et désormais il n'y a plus qu'à continuer ce qui a été si heureusement commencé par les horticulteurs français et étrangers; en effet, c'est à leur intelligent savoir et à leur habileté que nous devons cette foule d'hybrides et de variétés, qui font l'ornement de nos serres, et dont précédemment nous avons constaté l'origine. Cela est d'autant plus facile, que ces plantes, de création récente, ont dès lors une tendance très-grande à varier, n'ayant point encore acquis de stabilité, ce que d'ailleurs les variétés ne sauraient obtenir d'une manière fixe et durable, puisqu'il a été reconnu, qu'abandonnées à elles-mêmes, ces variétés finissent par retourner à leur type.

On est donc certain, en récoltant des graines sur ces nouveaux fuchsias et en les semant, de produire des variétés nouvelles; mais un habile et intelligent horticulteur ne doit pas livrer son travail aux caprices du hasard : il faut qu'en semant, il ait, si ce n'est une certitude, du moins un espoir bien fondé, d'obtenir par ses semis des nouveautés de mérite, dont la vente, s'il est marchand, puisse lui assurer une juste rémunération de ses labeurs, et que, s'il est amateur, la possession soit pour lui une cause de satisfaction.

C'est à l'aide de fécondations naturelles ou artificielles que ce résultat peut être obtenu.

La fécondation naturelle est une opération bien simple : elle consiste à féconder la fleur avec son propre pollen, et la fécondation artificielle n'en diffère que par l'emploi du pollen d'une autre espèce ou d'une autre variété. On l'appelle souvent et à tort, suivant nous, HYBRIDISATION.

En effet, ce mot est tout à fait impropre, quand on en fait usage pour désigner un acte de fécondation, qui ne doit donner naissance qu'à des variétés et non à des hybrides. Cette expression est de nature à jeter du trouble et de la confusion dans les idées. Déjà, nous avons eu occasion de parler des travaux d'une savante commission, dans le sein de laquelle on a examiné et discuté ce qui a trait à l'hybridisation et aux hybrides ; il en est résulté que les véritables hybrides sont très-rares dans la nature, et qu'il en existe même un nombre très-restreint dans le jardinage, où ils sont fréquemment confondus, au grand détriment de la science, avec les variétés. Si donc l'on désigne par le mot hybridisation l'acte par lequel on féconde deux variétés entre elles, de l'union desquelles il ne saurait naître qu'une nouvelle variation, il arrivera que l'horticulteur peu initié à ces savantes distinctions se croira suffisamment autorisé à désigner sous le nom d'hybrides des plantes qui ne sont autres que des variétés.

C'est donc pour que de semblables méprises ne soient pas, en quelque sorte, encouragées par la science elle-même, que nous désignerons par fécondation naturelle et artificielle l'acte que nous allons décrire, réservant uniquement l'application du mot *hybride* aux plantes qui, nées de l'union de deux espèces, offriront, ce qui est assez rare, nous le répétons, des caractères communs aux deux espèces.

Quoi qu'il en soit, et délaissant cette difficulté de mots, à laquelle nous avons cru devoir attacher une certaine importance, en raison de la confusion qu'elle fait naître dans les choses, nous donnerons aux amateurs qui seraient tentés de se livrer à des fécondations, et de vouloir ainsi surprendre les secrets de la nature, les conseils suivants :

C'est, en premier lieu, de faire un choix judicieux du porte-graines, qui, par préférence, devra porter sur les variétés de premier ordre et le plus récemment obtenues, parce qu'elles ont une tendance plus grande à varier que les autres, et sur les variétés dont la forme et le coloris des fleurs paraissent susceptibles de recevoir, en variant, d'heureuses modifications.

Les fuchsias affectés à cette destination seront ceux qui présentent une belle végétation; on les mettra à part, plutôt dans la serre qu'au dehors, et là, ils deviendront l'objet de soins particuliers, que nous allons exposer :

A l'époque où la floraison aura pris un certain développement, on recherchera avec soin, pour les féconder, les fleurs d'une conformation parfaite, et qui seront dans une position favorable pour recevoir la séve nécessaire à la nutrition des futures graines. On devra donc rejeter les fleurs mal développées et celles qui sont portées par des branches secondaires. Puis viendra le moment où doit s'opérer la fécondation.

Si l'on tient à récolter des graines d'une espèce ou d'une variété, sans mélange, il suffira de s'assurer si la fécondation s'est opérée naturellement; en d'autres termes, si lors de la déhiscence des étamines, le pollen dans sa chute est venu recouvrir le stigmate du pistil.

Souvent il arrive que les graines du fuchsia, faute d'avoir été fécondées, restent stériles ou avortent; cela tient à ce que le pollen du fuchsia, à la différence de celui de beaucoup de plantes, au lieu

J'être pulvérulent, est granuleux, épais, et que ses grains sont réunis par une matière visqueuse, de telle sorte qu'au lieu de s'étendre au loin et en tous sens, il se répand en filaments, qui passent quelquefois sans le féconder, à côté du stigmate. Dans ce cas, il faut prendre du pollen à une fleur voisine, à l'aide d'un léger pinceau, et en déposer à la surface du stigmate.

S'il s'agit d'opérer une union entre deux fuchsias, espèces ou variétés, on commence par enlever avec des ciseaux ou tout autre instrument tranchant les anthères des étamines avant leur maturité, du sujet qui doit produire la graine, et, avec un pinceau, comme dans le premier cas, enduire le stigmate du pollen enlevé sur un autre sujet, qui, en cette circonstance remplit le rôle de père. On évitera de se servir des doigts pour en opérer la suppression, dans la crainte, en les écrasant, de répandre du pollen, qui produirait l'acte de fécondation.

Cette opération, toute simple qu'elle paraisse, n'en réclame pas moins dans la pratique, de l'adresse et de l'intelligence. N'allez pas croire qu'elle soit toute mécanique, qu'elle ne demande aucune habileté, qu'elle puisse se faire dans toutes les circonstances : ce serait une erreur. Il faut, pour que la fécondation ait lieu, que la fleur soit parvenue à un degré complet d'épanouissement, et, d'un autre côté, que l'horticulteur ne se soit pas laissé devancer par la nature ; l'époque, l'heure, l'instant même importent au succès, et il est donné seulement à un œil exercé de les saisir à propos.

Cette fécondation doit être effectuée dans la matinée, de dix heures à midi, notamment par un temps chaud et calme, sur un sujet dont le pistil n'est pas encore fécondé, et avec du pollen qui n'a pas encore perdu sa vertu fécondante. La fleur sera ensuite abritée du vent et de la pluie, qui pourraient entrainer le pollen, et préservée du contact des insectes. Ainsi, pour éviter qu'une abeille ne vienne contrarier cette ingénieuse combinaison, soit en enlevant le pollen, soit en déposant une poussière fécondante provenant d'une autre variété, on peut envelopper la fleur d'un léger tissu, alors qu'elle aura été fécondée : il est même des personnes qui poussent la précaution jusqu'à renfermer le pistil dans un tube de verre ou dans un tuyau de plume.

La castration des anthères a été l'objet de quelques critiques, mal fondées suivant nous. On a d'abord prétendu qu'elle nuisait au développement du fruit, ce que nous n'avons jamais eu occasion d'entrevoir, bien qu'il nous soit maintes fois arrivé de supprimer des anthères à une fleur avant de la féconder. De plus, on a soutenu que cette opération était au moins inutile, puisque, la fécondation devant s'effectuer dès l'instant où le pollen est déposé sur le stigmate, une nouvelle fécondation ne saurait avoir lieu par un autre pollen. Mais, en cela, on semble oublier que, dans quelques cas au moins si ce n'est pour la plupart, l'acte de fécondation ne s'opère pas d'une manière aussi instantanée ; que, si le pollen est propre à la fécondation, il peut arriver que le stigmate ne soit pas apte à le recevoir, et que cette double aptitude échappe aux yeux de l'homme le plus intelligent. Il est donc prudent d'agir de manière à éviter que, par un accident qui peut surgir instantanément, l'union que vous venez de faire ne vienne à manquer.

Dans le but d'éviter des confusions et pour se rendre raison des résultats obtenus, on marque avec des brins de laine de diverses couleurs, les fleurs qui ont été fécondées, et il en est tenu note par écrit.

Le fruit du fuchsia consiste dans une baie oblongue, ou ovale globuleuse, qui, à la maturité, pour de certaines espèces, est d'un noir violacé, et pour d'autres, est d'un vert jaunâtre, dans les loges de laquelle se trouve un certain nombre de graines assez ténues. La pulpe sans doute acquiert dans la patrie du fuchsia, une saveur qui fait, dit-on, rechercher par les indigènes, les fruits de fuchsias ; ils désignent sous le nom de *meloconcito* celui du *Cordifolia*.

Dans notre pays, ce fruit est d'un goût fade, doucereux, et il n'est pas à supposer que la culture parvienne à le faire rechercher des gastronomes. Ce n'est donc que comme moyen de reproduction qu'il peut être utilisé.

Lorsque les baies commencent à grossir, il sera utile de soumettre au pincement l'extrémité de chacune des branches qui les portent, afin de provoquer un refoulement de la séve et de favoriser leur développement.

A leur maturité, les fruits seront recueillis avec soin et placés dans de petits casiers ou dans des boîtes en carton, ou même tout simplement dans des cornets en papier, sur lesquels on notera l'origine de chacun de ces fruits. Peu après cette récolte, et dès que par l'apparition de moisissures on reconnaîtra que la décomposition de la pulpe s'opère, on écrasera les baies entre ses doigts, sur une surface plane, pour extraire de la pulpe les graines fertiles que celle-ci peut contenir. Ces graines seront ensuite réunies dans de petits sachets qui, après avoir été étiquetés, seront placés dans un endroit sec et à l'abri de la gelée.

Vers la fin de février, ou au plus tard dès le commencement du mois de mars, on semera les graines dans de petites terrines remplies d'une terre de

bruyère fine et très-sableuse ; elles seront recouver-
tes de 3 à 4 millimètres au plus de terre, arrosées
ensuite et placées sur nne couche chaude préparée
à l'avance sous un châssis.

Ces graines, quoique ténues, lèvent très-facile-
ment, elles ne réclament pas d'autres soins que ceux
donnés à la plupart des semis de graines ; aussi, il
nous semble superflu d'entrer à cet égard dans de
plus amples explications.

Dès que les jeunes fuchsias auront atteint de 3 à
4 centimètres, et qu'ils auront développé 4 à
6 feuilles, on songera à les repiquer isolément dans
de petits godets ; un numéro d'ordre donné à chacun
d'eux servira à constater leur origine. Ils seront ensuite soumis à des rempotages successifs, de même
que cela a été expliqué pour les boutures.

Il nous reste, en terminant ce paragraphe, à recommander aux amateurs, dans un intérêt scientifique, de suivre avec persévérance, leur essais concernant la fécondation, de tenir note avec soin de
l'union des plantes qu'ils auront effectuée, ainsi que
des résultats par eux obtenus. Nous les engageons
surtout à opérer des fécondations entre deux espèces
botaniques, comme, par exemple, entre les corymbiflora et globosa, les serratifolia et radicans, les
fulgens et coccinea, etc., etc. S'ils obtiennent ainsi
un véritable hybride, offrant des caractères communs aux deux espèces, et qui serait doué de la
vertu prolifique, ils sèmeront de nouveau les graines propres à ce fuchsia, et ainsi de suite pendant
deux ou trois générations, afin de constater si cet
hybride fait retour à l'un des types, à celui dont le
caractère était dominant.

Il serait vraiment utile qu'un horticulteur habile
voulut bien s'astreindre à suivre pas à pas ces diverses métamorphoses, à les constater, puis à les sou-

mettre aux appréciations des hommes de la science, qui en déduiront les conséquences logiques. Dans les essais que l'on pratique, on manque généralement beaucoup trop de persévérance, et ce n'est pourtant qu'à la suite d'un certain nombre d'expériences, qu'il est possible d'asseoir avec quelque certitude une opinion.

Il est à notre connaissance que de savants physiogistes se préoccupent de cette question, et il est vivement à désirer qu'on vienne les seconder dans leurs études sur ce point, et leur apporter des matériaux utiles.

§ III. — De la greffe.

La greffe est très-peu usitée pour le fuchsia. Avec la facilité de reproduction de cet arbuste par le bouturage, l'horticulteur a presque totalement renoncé à ce moyen de multiplication, qui ne présente que peu d'avantage.

Le cas où elle serait le plus utile, serait pour greffer une variété délicate et buissonnante, sur une variété à tige élevée et d'une végétation vigoureuse.

Depuis bien des années, les travaux horticoles nous ont appris que la greffe en approche appliquée au fuchsia, avait parfaitement réussi.

Ces mêmes journaux, à cette occasion, disaient qu'on ne songeait pas assez à greffer le fuchsia, et que le *globosa* placé sur une tige d'un mètre, produit, en laissant tomber vers la terre ses branches couvertes de fleurs, un effet délicieux. Mais ce résultat peut être facilement obtenu sans recourir à la greffe, soit en élevant sur de hautes tiges certaines variétés qui se prêtent à cette culture, soit en les cultivant en pleine terre, dans une serre, ainsi que nous l'avons précédemment exposé.

La greffe pourrait encore être utilisée, à l'instar de ce que l'on pratique notamment pour les azalées, et servir à la réunion par une même tige de deux ou trois variétés de nuances diverses.

Dans les nombreuses visites que nous avons eu souvent occasion de faire dans les établissements horticoles où l'on s'occupe de la culture du fuchsia, jamais il ne nous a été donné d'y rencontrer un seul exemple de greffe d'un fuchsia. Ce ne serait donc que chez un amateur, et comme objet de fantaisie, que la greffe a pu être employée; souvent le projet a été conçu par nous, d'en faire l'essai, mais sans l'avoir mis à exécution.

§ **IV**. — **Des maladies.**

Le fuchsia se distingue par la facilité de sa culture, ce n'est point un arbuste délicat : à l'exception de quelques variétés, il pousse avec vigueur, si on le place dans des conditions normales; il n'est point sujet à des maladies qui lui seraient particulières. Quelques espèces à longues fleurs, notamment les fuchsias *spectabilis*, *venusta* et *macrantha*, éprouvent souvent dans leur croissance des accidents qui deviennent la cause de leur perte; mais cela tient plutôt au vice de la culture qu'on leur applique, qu'à un état de maladie. La floraison de ces fuchsias est tardive, elle n'a pas lieu en même temps que celle des autres espèces ou variétés, et il semble plus logique, ce qu'on ne fait pas, de suivre pour leur culture un traitement modifié. Il en est résulté qu'on s'est bientôt dégoûté de ces beaux fuchsias, qui, à présent, se rencontrent rarement dans les collections.

Rien donc de spécial à dire sur les maladies du fuchsia et sur le mode de l'en préserver. Ce qu'il y a de mieux à faire, c'est de lui donner des soins assidus et intelligents, en se conformant aux règles qui ont été prescrites ; et de cette manière on aura la certitude de ne pas avoir de plantes maladives.

Au nombre de ses ennemis, nous citerons les limaces et les pucerons, de l'atteinte desquels il faut le préserver. Bien des remèdes ont été indiqués pour la destruction des limaces, comme la sciure de bois, le sel, le guano et autres dont on trouve la recette dans les journaux d'horticulture. Mais ce n'est qu'à l'aide d'une surveillance active qu'on parvient à s'en débarrasser d'une manière certaine.

Quant au puceron, lorsque le fuchsia est en séve, il envahit les jeunes pousses, les boutons à fleurs, et leur cause un certain dommage. On y remédie par des fumigations de tabac ou bien encore au moyen d'une légère solution de savon noir (savon de potasse à l'huile de colza), que l'on applique sur les branches attaquées par les pucerons avec un pinceau, et auxquelles on donne quelques instants après un bassinage à l'eau pure. Le liquide, préparé et étendu dans une quantité d'eau plus considérable, peut être projeté sur les fuchsias à l'aide d'une pompe à main ; puis on donne, de même que nous venons de le dire, un bassinage avec de l'eau pure. Dans ces deux cas, on aura soin que la solution ne soit pas trop concentrée, car elle brûlerait les jeunes pousses. Avant d'en faire usage, il sera prudent de se livrer à un essai préalable.

Souvent ce liquide a été employé avec succès dans notre serre pour les camellias et fuchsias, et en pleine terre pour les rosiers et autres arbustes.

CHAPITRE VI.

DES NOMS ET SYNONYMES.

Les catalogues horticoles offrent un singulier mélange de noms latins, français, anglais, allemands et flamands. Le mal que nous avions signalé en 1844 n'a fait que s'accroître ; et il est arrivé au point que la plupart des horticulteurs, en général peu lettrés, ne peuvent ni écrire, ni prononcer le nom donné à de certaines variétés, qu'une orthographe vicieuse rend souvent inintelligibles.

S'il est un certain nombre d'horticulteurs instruits, dont les catalogues sont rédigés d'une manière correcte, il en est pas de même pour la grande majorité, et l'on remarque plus d'un catalogue rempli d'erreurs et où les noms sont défigurés. Il en résulte des méprises fâcheuses dans les demandes et les livraisons de plantes..

La botanique, avec une juste raison, n'a pas accordé de préférence à l'une des langues vivantes ; elle a adopté le latin, langue universelle, à l'aide de laquelle tous ses adeptes peuvent s'entendre et communiquer entre eux.

On se demande pourquoi l'horticulture, qui d'art qu'elle était, est devenue une science à son tour, et dont les rapports avec la botanique sont si intimes, ne suivrait pas cet exemple et n'adopterait pas le latin pour sa langue exclusive ? Si dans le jardinage on ne fait pas de cours de latinité, les jardiniers, pour connaître les espèces botaniques, sont amenés fréquemment à lire ou à entendre prononcer des noms latins ; ils se familiariseraient donc promptement avec cet idiome, et en cela ils éprouveraient moins de difficultés que pour s'accoutumer à la singulière bigarrure que présentent aujourd'hui les catalogues horticoles, écrits avec des noms puisés dans cinq ou six langues différentes.

A l'occasion de cette pensée, par nous émise dans la première édition de cet ouvrage, M. le secrétaire général de la Société d'horticulture de la Gironde, s'exprimait ainsi dans un rapport présenté par lui à cette société : « En adoptant un seul idiome pour l'horticulture et la botanique, on pourrait tout classer dans la même langue : familles, genres, sous-genres, hybrides et variétés. Ce ne sera, si vous voulez, ni votre langue, ni la mienne, ce sera celle de tous, le latin, qui dans tous les pays civilisés, sera toujours l'idiome seul compréhensible de la science. Si cette idée n'est pas réalisable, je regrette, au nom de tous les ignorants, que le dictionnaire horticultural ne soit pas plus sobre de noms, plus riche de mots vrais et connus, plus certain en étymologies et surtout plus simple en appellations. Ces réflexions, qui ont été développées par le président de la Société d'horticulture d'Orléans, dans son Traité sur le fuchsia, nous sont inspirées par les nombreuses variétés de cet arbuste, etc., etc. »

Le retour à l'unité est désirable sous plus d'un rapport, mais il présente dans son exécution de telles difficultés, qu'on ne saurait espérer, du moins cela est à craindre, que cette amélioration puisse se réaliser dans un temps rapproché.

Pour arriver à ce résultat, c'est l'assentiment de tous qui est nécessaire, la mesure devant être générale ; et comment amener tant d'individualités à se soumettre à une mesure qui viendrait contrarier des habitudes prises, et pour un intérêt scientifique plutôt que personnel? Là est la difficulté.

Il n'est que l'autorité de raison qui puisse en cela

être de quelque effet, et c'est par les organes de la science et par le concours des associations horticoles que cette vérité finira par s'installer.

En attendant, on devrait au moins mettre ses efforts en commun pour pallier le mal et éviter que dorénavant on ne donne à des plantes nouvelles des dénominations ridicules, exagérées, qui comportent des éloges hyperboliques, ou bien encore pour que des dédicaces, dictées par l'ignorance, contenant de déplorables non-sens historiques, ne se renouvellent.

Il est un moyen de remédier à un abus dont nous avons le premier parlé en 1844, dans la première édition de ce traité, et qui depuis a été reproduit, ce serait d'astreindre toute publication de plantes nouvelles, à l'approbation préalable des sociétés d'horticulture. Comme nous le disions, des commissions spéciales s'attacheraient à faire ressortir par leurs rapports le mérite des variétés soumises à leur examen; elles veilleraient à ce que les dénominations fussent en harmonie avec le mérite réel et le caractère particulier de ces plantes. Les amateurs, de cette manière, seraient protégés contre les manœuvres et les exagérations du charlatanisme, et par suite les noms pourraient être ramenés à l'unité de langage. Les catalogues aussi n'offriraient plus des exemples aussi fréquents d'erreurs grossières et de méprises historiques, qui font donner à des végétaux des noms contrastant singulièrement avec le port des plantes ou bien avec le coloris des fleurs.

Cette question semble être en voie de progrès, si l'on en juge par le besoin que les horticulteurs éprouvent de recourir au patronage des sociétés, à l'effet de faire sanctionner à l'avance par elles le mérite de leurs nouveaux gains, et par l'adoption de cette mesure de la part d'un certain nombre de ces associations. Espérons donc de l'avenir.

Les synonymies avaient été l'objet de notre examen, elles étaient alors nombreuses, et il était d'autant plus utile de les signaler, que c'était ainsi prémunir l'acheteur contre l'inconvénient de faire une seconde fois l'acquisition, sous un nom différent, de la plante que déjà il possédait. Ces synonymies provenaient ou d'erreurs involontaires, de méprises, ou de l'obtention simultanée entre des mains diverses d'une même variété obtenue par plusieurs dans des semis différents, ce qui arrive quelquefois; ou le plus souvent elles sont dues à des tromperies, à l'aide desquelles, après avoir épuisé la vente d'une plante, on cherche à en renouveler la vogue sous un nom différent.

Inutile de revenir sur des synonymies de variétés qui ont fait leur temps et qu'on ne rencontre plus dans les cultures. Quant à celles qui peuvent exister aujourd'hui, elles sont en très-petit nombre, il faut le reconnaître à la louange des producteurs. Ce qui se rencontre le plus fréquemment, ce sont des variétés semblables, ou même presque identiques avec d'autres variétés déjà parues.

On ne saurait trop recommander aux semeurs, s'ils comprennent bien leurs intérêts, de mettre plus que jamais de la réserve et du discernement dans la création de nouvelles variétés, et de n'admettre à ce titre que les plantes distinctes et méritantes, en délaissant toutes celles qui sont médiocres ou qui offrent une certaine analogie avec d'autres déjà créées. L'amateur, au milieu de tant de variétés douteuses, incertaines, analogues ou même semblables, induit en erreur par des annonces exagérées, pourrait bien se décourager et délaisser la culture de cet arbuste.

Combien de fois avons-nous éprouvé de semblables mécomptes, nés à l'occasion de cette foule de prétendues variétés et de ces plantes médiocres que nous avons reçues sous les noms les plus emphatiques. Sans la nécessité où nous étions pour compléter notre étude de posséder dès leur apparition toutes ces variétés, certes depuis longtemps nous aurions renoncé à en faire l'acquisition avant d'avoir pu en constater le mérite par leur floraison.

Si les producteurs se fussent prémunis contre un enthousiasme irréfléchi, l'horticulture n'aurait pas eu à déplorer l'introduction de tant de médiocrités venues d'Angleterre et d'Allemagne, et la mise en vente de quelques-unes nées en France.

Puissent ces considérations être comprises par ceux qu'elles intéressent le plus directement, et qu'à l'avenir on ne nous donne plus l'occasion de constater et de déplorer des fautes semblables!

CHAPITRE VII.

D'UNE MONOGRAPHIE DU GENRE FUCHSIA.

L'amateur qui est contraint de restreindre ses jouissances, se trouve embarrassé, au milieu de tant d'espèces ou de variétés, pour admettre dans sa collection les plantes qui doivent la composer.

C'est en vue de faciliter ce choix, que nous avons eu la pensée de faire suivre ce traité d'une monographie du genre fuchsia, où l'on trouverait l'indication des caractères principaux des espèces botaniques et des meilleures variétés jardinières.

Il n'est pas de travail plus long et plus minutieux, qui nécessite autant de recherches qu'une monographie. Ce n'est pas assez de réunir à grands frais les variétés plus ou moins incertaines dont les prospectus annoncent la mise en vente, il faut encore, en raison des erreurs, qui involontairement se glissent dans les livraisons de plantes, se livrer à des comparaisons et des vérifications nombreuses.

Un tel examen n'est pas toujours facile, souvent on se trouve en présence de variétés peu distinctes, qui ont entre elles de tels rapports, qu'il est souvent difficile d'entrevoir les caractères qui les distinguent.

L'exactitude des descriptions est quelquefois compromise, si les fleurs proviennent de sujets jeunes ou vigoureux ou de plantes épuisées, ou bien de fuchsias cultivés en serre ou au dehors. En ce dernier cas, suivant qu'ils sont exposés ou non à l'action directe des rayons solaires, le coloris des fleurs est plus ou moins vif.

Le titre de cet ouvrage indique que trois cent trente-trois variétés sont décrites dans la monographie. Ce serait commettre une singulière méprise que de nous en attribuer la formation, ou de croire que nous les adoptons toutes sans exception; il suffit pour s'assurer du contraire de se reporter à certaines critiques qui y sont mentionnées. En historien fidèle, nous avons dû passer en revue toutes les variétés plus ou moins réelles, dont la mise en vente a été annoncée par des prospectus horticoles, en signalant leurs qualités ou leurs défauts, et en indiquant l'analogie qu'elles pouvaient présenter avec d'autres variétés déjà connues. Pour cela, il a fallu nous livrer à un examen minutieux, à des comparaisons, à des rapprochements réitérés, mesurer les fleurs et les décrire. Si, malgré l'examen consciencieux que nous avons fait et souvent à plusieurs reprises des diverses variétés de fuchsias, il nous est échappé des erreurs involontaires, qui tiennent à des renseignements inexacts, du moins nous avons lieu de croire qu'elles sont peu nombreuses et de minime importance.

Lors de la première publication de ce traité dans le *Bulletin* de la société d'horticulture d'Orléans, les textes de la monographie étaient divisés en deux sections : la première comprenait les fuchsias à fleurs globuleuses ou courtes, c'est-à-dire mesurant en longueur moins de 3 centimètres; la seconde renfermait les fuchsias à longues fleurs. Dans chacune de ces divisions, les variétés étaient rangées par ordre de couleur, en commençant par la nuance la plus claire.

Depuis, il a été reconnu que cette division n'atteignait pas le but que nous nous étions proposé, et qu'au lieu de simplifier les recherches, elle les compliquait. Ce n'est d'ailleurs pas chose facile de préciser la limite qui doit séparer les variétés à fleurs globuleuses de celles à longues fleurs, depuis qu'il est issu des *fulgens* et *globosa*, types de ces deux sections, une foule de variétés intermédiaires, qui se rapprochent plus ou moins de l'une ou de l'autre de ces deux espèces. Il nous a semblé préférable de classer les hybrides et variétés de fuchsia par ordre alphabétique.

ÉPILOGUE.

Depuis l'époque où, cédant aux instances de M. Audot, éditeur de la première édition, nous avons consenti à lui permettre de livrer ce Traité sur le fuchsia à une publicité qui, dans notre pensée, ne devait pas avoir lieu, seize années se sont écoulées. Les moments de loisir dont il nous a été permis de disposer pendant cet espace de temps ont été consacrés à une étude suivie de la culture du fuchsia, et l'expérience que nous avons ainsi acquise a trouvé son application dans les modifications importantes de cette troisième édition. Certes, cet ouvrage est encore loin d'être parfait sous plus d'un rapport; mais, à moins d'une illusion de notre part, il nous paraît qu'on ne saurait contester qu'il l'emporte de beaucoup sur celui de 1844. Les notables perfectionnements qu'il vient de recevoir en font une œuvre tout à fait différente, où l'on retrouve à peine la reproduction textuelle de quelques pages.

Cet écrit, bien que composé en vue de l'horticulture, et par un auteur qui ne possède en botanique que des connaissances superficielles, pourra néanmoins être de quelque utilité au botaniste et à l'horticulteur. L'un et l'autre y rencontreront l'historique du fuchsia, la description et la date de l'introduction des espèces. Ils pourront y suivre pas à pas la série des transformations opérées par des fécondations naturelles et artificielles et au moyen des semis, transformations qui, récemment, viennent de se traduire par l'obtention de variétés à corolles blanches, à fleurs doubles et à pétales striés. Il servira encore à constater l'état de la culture du fuchsia depuis l'introduction de la première espèce en France, jusqu'en cette année 1857, et les progrès que l'intelligence, l'habileté et le savoir des horticulteurs ont fait opérer.

Les amateurs d'horticulture, auxquels ce traité s'adresse principalement, y rencontreront, en outre, quelques préceptes consacrés par l'expérience et qui, nous en avons du moins l'espoir, pourront aussi leur être de quelque utilité dans la pratique.

Puisse ce traité du fuchsia recevoir des sociétés d'horticulture, des praticiens, et des amateurs un accueil aussi sympathique et aussi bienveillant que le premier ! S'il en était ainsi, ce serait pour nous une récompense bien flatteuse du labeur ingrat et minutieux auquel nous nous sommes livré d'une manière incessante, pour classer cette multitude infinie de variétés de fuchsias, si souvent très-peu distinctes l'une de l'autre, de manière à pouvoir signaler aux amateurs d'horticulture celles qui sont réellement méritantes et dignes d'être admises dans une collection d'élite.

MONOGRAPHIE
DES ESPÈCES BOTANIQUES
ET VARIÉTÉS DE FUCHSIAS

PREMIÈRE PARTIE
ESPÈCES BOTANIQUES

PREMIÈRE SECTION.

§ Ier. — Brevifloræ.

CARACTÈRES. — Fleurs courtes, dont la partie tubuleuse libre du calice est moins longue que les lobes, ou à peu près égale ; étamines incluses.

Tube du calice cylindrique ou obconique, atténué au-dessus de l'ovaire ou comprimé ; ovules disposées dans chaque loge sur deux rangs ; feuilles opposées ou verticillées, très-rarement presque alternes.

1. **ACYNIFOLIA** (SCHDW., *Allgem. Gartenz*, XV, p. 226). — Cette espèce de fuchsia est originaire du Mexique. Rameaux velus, feuilles opposées, ovales, pétiolées, aiguës de chaque côté, dentées en avant, ciliées au bord, légèrement pubescentes en dessus, glabres en dessous ; pédicelles axillaires dressés, longueur double de la fleur ; calice infundibuliforme,

à lobes ovales-acuminés ; pétales émarginés ; étamines incluses : fleurs roses panachées de blanc.

2. BACCILARIS. (LINDLEY, *Bot. reg.*, t. 1840.) — Rameaux glabres ; feuilles ovales ou ovales-lancéolées, denticulées, glabres ; fleurs roses, axillaires, géminées ou ternées, plus longues que les feuilles ; tube du calice subcylindrique, lobes aigus, tronqués, très-entiers, ouverts, ainsi que les pétales ; étamines et style inclus.

Cette espèce est originaire du Mexique, où elle a été découverte en 1824.

3. CYLINDRACEA. (LINDLEY, *Bot. reg.*, t. 66.) — Cette espèce est originaire du Mexique ; elle se rapproche des *Microphylla* et *Thymifolia*. On doit son introduction à sir George Barker. Ce fuchsia se fait surtout remarquer en ce qu'il est dioïque ; c'est peut-être le seul du genre.

Rameaux glabres, purpurins, un peu tétragones ; feuilles obovales, dentées ; pétioles quelque peu pubescents ; fleur rouge pourpré ; pédicelles capillaires, uniflores ; calice cylindracé, à petits lobes ; pétales bilobés, planes, moins longs que les lobes du calice ; étamines incluses.

4. LYCIOIDES. (ANDREWS, *Bot. repert.*, t. 120.— *V.* aussi SIMS, *Bot. mag.*, t. 1024, et WILDENOW, *enum.* 412.) — Tige garnie de petits tubercules proéminents ; rameaux glabres ; feuilles opposées, pétiolées, ovales, très-entières ; pédicelles axillaires, presque agrégés, plus courts que la fleur ; calice infundibuliforme, lobes oblongs-aigus, réfléchis, deux fois plus longs que les pétales ; calice rouge ; pétales pourpres ; la fleur, en totalité, mesure 15 millimètres, le tube à lui seul est long de 10 millimétres et les lobes en ont 5. Cette espèce varie dans son feuillage, qui est quelquefois oblong ; elle a été découverte en 1796, au Chili.

5. MICROPHYLLA. F. à petites feuilles. (HUMB. BOMPL. et KUNT., L. C. 6, p. 103, t. 534.) — Espèce botanique découverte au Mexique en 1827. Arbrisseau de petite taille ; rameaux velus ; feuilles petites, opposées, oblongues-elliptiques-aiguës, dentées, glabres, subciliées ; pédicelles axillaires plus courts que la fleur ; tube très-petit, de couleur rouge carminé ; lobes ovales-acuminés, peu ouverts, infléchis ; corolle à pétales bilobés, de petite dimension, même nuance que le tube.

6. **NOTARISII.** (LEHMANN, Hambourg, 1852.) — Ce nouveau fuchsia est né de graines provenant de M. de Notaris, professeur de botanique à Gênes, et il a été classé au nombre des espèces par M. Lehmann, de Hambourg.

Feuilles opposées, oblongues ou ovales ; fleurs axillaires, solitaires, pendantes ; tube cylindrique ; limbe divisé en lobes lancéolés, très-ouverts ; pétales de la corolle oblongs, planes, larges et courts.

Il a, dit-on, le port et les proportions du *Microphylla* ; s'il en est ainsi, cette espèce ne sera pas d'une grande ressource pour l'horticulture.

7. **PARVIFLORA.** (LINDLEY, *Bot. rep.*, t. 1048.) — Espèce originaire du Mexique. Rameaux un peu glabres ; feuilles éparses et opposées, pétiolées, ovales-cordiformes ou ovales, très-entières, glabres, glauques ; pédicelles un peu agrégés ; lobes du calice réfléchis ; fleurs petites, pourpres. Cette espèce est voisine du *Lycioïdes*.

8. **THYMIFOLIA.** (HUMB., BOMPLAND et KUNT, L. C. 6, p. 104, 1. 535.) — Arbrisseau touffu, haut d'un mètre, à rameaux pubescents et poilus ; feuilles presque opposées, petites, ovales ou ovales-obrondes, obtuses, presque entières, velues en dessus et glabres en dessous : pédicelles axillaires plus longs que la fleur ; calice infundibuliforme, à lobes oblongs-aigus ; pétales oblongs-obovales, entiers.

Espèce originaire du Mexique, où elle a été découverte près de Pazenaro.

§ II. — Macrostemmoneæ.

CARACTÈRES. — Fleurs dont la partie tubuleuse libre du calice est plus courte que les lobes ou bien égale ; étamines exsertes.

9. **ALPESTRIS.** (HOOKER, *Bot. mag.*, t. 3999.) — Tige arrondie, grimpante ; rameaux très-pubescents ; feuilles opposées, pétiolées, oblongues-lancéolées, de 35 millimètres sur 10, arrondies à la base, acuminées, à bords relevés, dentées à peine, pubescentes des deux côtés, de même que les pétioles ; pédicelles axillaires, uniflores, solitaires ; lobes du calice lancéolés-acuminés, infléchis, très-allongés ; pétales cunéiformes, plus courts de moitié que les lobes ; fleur rouge; tube court, peu renflé ; style et étamines exsertes.

Cette espèce est originaire du Brésil, où elle a été rencontrée dans les montagnes *Dos Orgaos*.

10. **AMPLIATA.** (BENTHAM, *Plant. Hartweg.*, p. 178, n°988.) — Cette espèce est assez rare ; elle croît sur la pente occidentale du mont Pichincha, dans la Guyane, à une altitude de 3,500 mètres. Rameaux velus ; feuilles 3-4 verticillées, ovales-oblongues-acuminées, à longs pétioles, denticulées, étroites à la base, à peine pubescentes en dessus, velues en dessous ; tube du calice très-renflé à la base, tenu jusqu'au tiers de sa longueur, puis se dilatant successivement ; lobes du calice oblongs-lancéolés-aigus ; pétales très-obtus.

Longueur des feuilles, 4 à 6 centimètres; id. des pédicelles, 20 millimètres ; id. du tube, 45 millimètres ; id. des lobes, 10 millimètres ; le limbe du calice, à son ouverture, présente un diamètre de 10 millimètres. Les caractères de ce fuchsia le rapprochent du *Triphylla*.

11. **ARBORESCENS.** (SIMS, *Bot. mag.*, t. 2620, et LINDLEY, *Bot. reg.*, t. 943.) — Arbrisseau pouvant s'élever jusqu'à 3 mètres ; rameaux glabres, purpurins ; feuilles 3 verticillées, de 7 sur 14 centimètres, ovales-oblongues-acuminées, très-entières ; pétioles longs de 25 millimètres ; fleurs roses, disposées en panicules trichotomes presque nues ; calice infundibuliforme, à lobes ovales-aigus, ouverts, réfléchis ; pétales conformes ; fleurs roses, longues de 12 à 14 millimètres ; étamines peu saillantes. Cette espèce est originaire du Mexiqu , 1823. — Syn., *F. Amœna Hortulani*.

12. **AYAVACENSIS.** (HUMB., BOMP. et KUNT., L. C.) — Cette

espèce est originaire du Pérou, près Ayavaca. — Rameaux légèrement velus; feuilles 3 verticillées, oblongues-acuminées, à dents écartées, un peu velues de chaque côté; pédicelles axillaires, plus longs que la fleur; lobes du calice ovales-lancéolés-étroits-acuminés; pétales ovales-obronds; calice pourpré.

13. CANESCENS. (BENTH., *Plant. Hartweg.*, n° 992.) — Rameaux et feuilles blanchâtres, couverts d'un duvet court et serré; feuilles 3-4 verticillées, à longs pétioles, ovales-aiguës-acuminées, arrondies à la base, à dentelure écartée; tube du calice long de 4 à 5 centimètres; lobes oblongs, épais, plus courts que la corolle; pétales obovales-aigus. Les feuilles mesurent de 5 à 6 centimètres, de même que celles du *F. Hirtella*, mais l'inflorescence est axillaire. Pétales dépassant le calice, comme dans les *F. Corollata* et *Monopetala*; cette dernière a beaucoup d'affinité avec l'espèce qui vient d'être décrite, mais elle en diffère par son feuillage plus grand et son inflorescence; on la rencontre sur les montagnes de Paramo, de Guanacas, près Popayan, où elle est assez rare.

14. F. COCCINEA. (AITON; *Magellanica*, Lamark.) — Arbuste de 1 mètre à 1 mètre 66 centimètres, à rameaux glabres et diffus; feuilles opposées ou 3 verticillées, ovales-allongées-aiguës, denticulées, à courts pétioles; nervures purpurines, souvent maculées de la même couleur; pédicelles axillaires, plus allongés que la fleur et pendants; fleur rouge pourpré très-foncé (et non écarlate); tube mince et court, long de 7 à 8 millimètres; sépales de moyenne grandeur, peu écartés, infléchis, plus allongés que le tube : ils mesurent de 18 à 20 millimètres; corolle violette, à petits pétales involutés longs de 10 millimètres.

15. CONICA. (*Botanical register.*) — Cette espèce est originaire du Chili; elle a été introduite en 1824. Rameaux droits; feuilles 3-4 verticillées, à longs pétioles pubescents, ovales-aiguës, de 45 millimètres sur 30, glabres, dentées, ternées dans le bas, opposées dans le haut, mesurant 35 millimètres; fleurs rouge pourpre, axillaires, pendantes, longues de 25 millimètres; tube mince, court, long de 8 millimètres globuleux au sommet; lobes lancéolés-acuminés, plus longs que le tube; corolle pourpre violacé; pétales plus courts que le calice, involutés; étamines et style exsertes.

16. **COROLLATA.** (BENTH., *Plant. Hartweg*, p. 79, t. 993.)— Rameaux et pétioles à peine velus; feuilles opposées ou ternées, ovales-oblongues-aiguës, denticulées, rétrécies à la base, un peu raides, quelquefois bullées-ridées, pubescentes sur les nervures, glabres dans les autres parties; pédicelles axillaires, solitaires, deux ou trois fois plus courts que le calice; tube allongé, s'élargissant à partir du milieu; lobes ovales-lancéolés-aigus-acuminés; pétales ovales, plus longs que les lobes.

La plupart des feuilles mesurent de 4 à 12 centimètres, les jeunes sont lisses, les autres très-ridées, un peu raides, le dessus devient noir en séchant.

Pédicelles longs de 15 à 18 millimètres; tube de 45 millimètres, noueux à la base, puis s'élargissant beaucoup; longueur des lobes 15 millimètres, des pétales 10 millimètres; corolle rouge.

17. **CURVIFLORA.** (BENTH., *Plant. Hartweg*, p. 177.) — Rameaux glabres, les plus jeunes à peine couverts d'un duvet blanchâtre; feuilles 3 verticillées, à longs pétioles, ovales-acuminées, à dentelure écartée, pâles en dessous; pédicelles axillaires, solitaires, trois à quatre fois plus longs que le pétiole et l'ovaire; tube allongé, courbé, s'élargissant vers le milieu; lobes ovales-lancéolés-aigus; pétales oblongs-aigus, un peu plus grands que les lobes.

Feuilles de 45 millimètres, comme celles du *Macrostemma;* pédicelles longs de 2 centimètres; tube calicinal de 45 millimètres, mince à la base, courbé au milieu, plus ample du double vers le sommet; lobes très-larges, blanchâtres, longs de 20 à 22 millimètres; corolle blanche; étamines un peu plus courtes que les pétales; style beaucoup plus long.

Cette espèce est rare ; elle croît dans les Andes, près Bogota, à une altitude de 3,300 mètres.

18. DECUSSATA. (RUIZ et PAVON, *Bot. mag.*, t. 2507.)—Espèce originaire du Pérou, découverte en 1822. Tige d'un mètre ; rameaux opposés en croix ou quelquefois ternés, veloutés ; feuilles opposées ou ternées, pétiolées, lancéolées, pubescentes, denticulées, de 45 millimètres sur 12 à 15 ; pédicelles axillaires, pendants, plus longs que le calice ; fleur petite, à tube d'un rose vif, court, de 10 millimètres ; lobes oblongs-aigus, mesurant de 20 à 25 millimètres ; corolle ponceau, à pétales oblongs-aigus, plus courts que les lobes ; étamines peu saillantes ; style exsert.

19. **DEPENDENS.** (HOOKER, *Icon. plant.*, t. 65.) — Cette espèce est originaire de l'Amérique tropicale. Rameaux allongés, grimpants ; feuilles 4 verticillées, ovales-aiguës, denticulées, d'un vert-jaunâtre en dessus, blanchâtres en dessous ; pédicelles plus courts que la fleur ; tube du calice très-long, atténué à la base ; lobes un peu obtus, de la longueur de la corolle ; pétales oblongs.

20. **DISCOLOR.** (LINDLEY.) — Cette espèce est originaire de Magellan, 1840. Arbuste formant buisson, à rameaux nombreux, purpurins ; feuilles opposées ou ternées, ovales-allongées-acuminées, de 25 à 30 millimètres sur 10, pétiolées, ondulées, denticulées ; fleur d'un beau rouge, à pédicelles grêles, longs de 5 centimètres ; tube mince, long de 10 à 12 millimètres, à lobes acuminés d'une longueur double environ du tube ; pétales violets, obtus, involutés ; étamines longuement exsertes.

21. **GLOBOSA.** (LINDLEY, *Bot. reg.*, t. 1556 ; *Bot. mag.* t. 3364. PAXTON, *Magaz.*, vol. 2, p. 75.) — Cette espèce a été découverte au Mexique et au Pérou. Arbuste peu élevé, à rameaux diffus, pendants ; tige, rameaux, nervures et pétioles purpurins ; feuilles ternées, petites, ovales-arrondies-aiguës, de 3 centimètres sur 12, denticulées, glabres, d'un vert foncé ; fleurs axillaires, géminées ou ternées, d'un rouge pourpré clair ; tube presque nul, long de 5 millimètres, arrondi ;

7.

lobes larges, écartés, à pointes infléchies, longs de 15 à 18 millimètres, formant avant leur épanouissement un bouton globuleux ; corolle petite, de moitié moins longue que les lobes ; style allongé ; étamines exsertes.

De cette espèce sont nées beaucoup de variétés dites globuleuses, que nous indiquerons dans la deuxième partie de la monographie.

22. **GRACILIS**. (LINDLEY, *Bot. reg.*, t. 847.) — Espèce originaire du Mexique, découverte en 1822. Rameaux légèrement pubescents ; feuilles opposées, longues de 40 millimètres sur 15, longuement pétiolées, glabres, à dents écartées ; pédicelles axillaires et pendants, légèrement pubescents, de même longueur que le calice ; fleurs pourpres, longues en totalité de 28 millimètres ; tubes mesurant 8 millimètres ; lobes oblongs-aigus, longs de 20 millimètres ; corolle à pétales violets, obovales, tronqués, involutés, dépassant les lobes.

A. — *Multiflora* (LINDLEY). — Variété du *Gracilis,* à feuilles plus petites, glauques, à courts pétioles.

23. **INTEGRIFOLIA**. (CAMBESSEDES, *In flor. bras. Saint-Hilaire*, II, 273. — *Bot. mag.*, t. 3948.) — Synonymies : *F. Pyrifolia*, Presle ; *F. Affinis*, Camb. et Walp., *Répert. bot. syst.*, II, 94.

Rameaux glabres ; feuilles verticillées par 3 et 4, oblongues-aiguës, presque entières, glabres ; tube du calice cylindrique, lobes plus courts du tiers ; pétales obovales, involutés ; le calice est pourpre et la corolle violacée. Cette espèce est originaire du Brésil.

24. **LOXENCIS**. (HUMB., BOMP. et KUNTH, t. 536.) — Rameaux légèrement velus ; feuilles ternées, oblongues-elliptiques ou lancéolées-oblongues-aiguës, à dents écartées, glabres, un peu velues en dessous et sur les nervures ; pédicelles axillaires, un peu plus courts que la fleur ; lobes du calice ovales-oblongs-aigus ; pétales ovales-oblongs ; calice pourpre ; corolle rouge écarlate. Espèce rencontrée près Loxa, dans la Nouvelle-Grenade.

25. **MACROSTEMMA**. (RUIZ et PAVON, *Fl. du Pérou*, III, p. 38,

t. 324.) — Cette espèce est originaire du Chili. Rameaux glabres ; feuilles 3 verticillées, ovales-aiguës, denticulées, brièvement pétiolées ; pédicelles axillaires, pendants, plus longs que la fleur ; tube peu renflé, long de 15 millimètres ; lobes du calice oblongs-étroits-aigus, longs de 25 millimètres ; pétales obovales, ouverts, plus courts que les lobes ; étamines exsertes.

B. — *Tenella* (DE CANDOLLE) ou *Gracilis* (LINDLEY). — Variété à fleurs beaucoup plus petites et à feuilles opposées.

26. NIGRICANS, (LINDEN). — Ce fuchsia a été découvert par Linden dans la région froide de Mérida, province de Vénézuéla, à une altitude moyenne de 2,500 mètres. Il habite les ravins humides et ombragés. Sa floraison a lieu de mai en novembre.

Tige, rameaux et nervures violacés ; fleur rose vif ; tube long de 30 millimètres, renflé à la base ; limbe divisé en 4 lobes courts ; corolle violet foncé, à pétales lancéolés, de même longueur que les sépales.

Les caractères botaniques paraissent rapprocher cette espèce du *F. Triphylla*. *Voir* la gravure qu'en a donnée la *Flore des serres*, t. V, pl. 481, et la *Revue horticole*, 1849 p. 366.

On espérait mieux de ce fuchsia, à raison de l'originalité de sa forme et de son coloris ; mais il est presque abandonné comme plante ornementale.

27. OVALIS. (RUIZ et PAVON, *Fl. per.*, III, t. 324.) — Rameaux pubescents ; feuilles opposées ou 3 verticillées, pétiolées, ovales, un peu denticulées, aiguës, pubescentes aux deux faces ; pédicelles axillaires, dressés, bien plus courts que les fleurs, agrégés sur les rameaux ; lobes du calice oblongs-aigus, velus ; pétales ovales-aigus, deux fois plus longs que les lobes ; calice et pétales d'un rouge éclatant ; étamines à peine saillantes. Cette espèce a été rencontrée dans les forêts de Muna, au Pérou.

28. PANICULATA ? (LINDLEY, *Gard. chr.*, 3 mai 1856.) — Ce nouveau fuchsia provient de graines envoyées du Guatémala

à M. Skinner, et il a été présenté en fleur à la Société de Londres par M. Veich. Il est très-voisin de l'*Arborescens*, dont il diffère par une inflorescence pyramidale, par ses fleurs colorées en rouge vineux, plus petites, et par un feuillage de moindre dimension, obovale ou ovale-lancéolé. La description des caractères botaniques de cette espèce n'est pas donnée dans l'ouvrage où nous avons rencontré cette indication.

29. **PETIOLARIS.** (Humb., Bompl. et Kunt, *Nova Gen. amer.*, VI, p. 104.) — Espèce découverte près de Santa-Fé de Bogota. Rameaux glabres ; feuilles 3 verticillées ou géminées dans le haut, à longs pétioles, oblongues-lancéolées-aiguës, de 6 centimètres sur 3, dents écartées, glabres ; pédicelles axillaires, plus courts que les fleurs ; tube assez fort, légèrement velu, long de 20 millimètres ; lobes oblongs-ovales-acuminés ; pétales de même forme, dépassant un peu les lobes ; style à peine exsert.

30. **PILOSA.** (Gardn., *Sertum plant.*, t. 27.) — Arbrisseau poilu dans toutes ses parties ; feuilles 3-verticillées, pétiolées, oblongues-lancéolées-acuminées, atténuées à la base, à dentelure un peu glanduleuse ; pédicelles plus courts que la fleur ; tube du calice allongé, cylindrique ; lobes oblongs, lancéolés, en pointes aiguës au sommet : pétales oblongs, dépassant à peine les lobes ; style inclus.

Cette espèce est originaire du Brésil.

31. **PROCUMBENS.** (*Bot. reg.*, t. 1849. — Hook, *Icon.*, t. 421. — A. Cunn., *Annales d'hist. nat.*, III, 31.) — Tige couchée, grimpante ; rameaux grêles, glabres ; feuilles éparses, alternes, à longs pétioles, amplement elliptiques ou un peu obrondes-obtuses, en cœur à la base, denticulées, ciliées, glabres aux deux faces ; pédicelles solitaires, axillaires, trois fois plus courts que la fleur ; calice infundibuliforme ; lobes lancéolés, réfléchis, plus courts que le tube ; style allongé-filiforme ; étamines exsertes ; calice pourpre verdâtre ; lobes verts ; pétales jaune orangé. Cette espèce habite la Nouvelle-Zélande.

32. PUBESCENS. (Cambessedes, *In Saint-Hil. fl. br.*, II, 273.) — Rameaux pubescents, sillonnés ; feuilles 3-4 verticillées, ovales-oblongues-acuminées, denticulées, pubescentes ; tube du calice infundibuliforme ; lobes de même longueur ; pétales obovales, involutés ; calice pourpre ; corolle violacée. Espèce originaire du Brésil.

33. QUINDUENCIS. (Humb., Bompl. et Kunt.) — Rameaux couverts de poils apprimés ; feuilles 3 verticillées, petites, rapprochées, oblongues-acuminées, longues de 45 millimètres sur I5, dentelure écartée, légèrement pubescentes en dessus, glabres en dessous ; pédicelles axillaires, plus courts que la fleur ; tube long de 8 à 10 millimètres ; lobes du calice ovales-acuminés-mucronés, égaux en longueur aux lobes ; pétales lancéolés-aigus, dépassant un peu les lobes ; pédicelles et calice pulvérulents. Cette espèce est originaire des Andes de Quinduença ; elle a été récemment introduite en Europe à l'état vivant. M. Linden, de Bruxelles, annonce qu'il la mettra en vente au printemps 1857.

34. RACEMOSA. (Lamark, *Dict.*, II, p. 565 ; *Illust.*, t. 282, f. 1.) — Ce fuchsia croît à Saint-Domingue et depuis Carthagène jusque dans la Nouvelle-Espagne. Sa tige est droite, très-simple, purpurine, haute de 60 à 80 centimètres ; rameaux légèrement pubescents-veloutés ; feuilles opposées ou 3 verticillées, brièvement pétiolées, ovales-aiguës, de 5 centimètres sur 3, denticulées, légèrement pubescentes sur les deux faces ; pédicelles axillaires, égaux à la fleur, les supérieurs rameux ; tube renflé en massue au sommet, infundibuliforme, mince, long de 35 millimètres ; lobes du calice oblongs-lancéolés-aigus, bien plus courts que le tube.

35. RADICANS. (Miers, *Bot. reg.*, 1841, t. 66.) — Cette espèce botanique est originaire du Brésil ; on l'avait à tort confondue avec le *F. Integrifolia*, qui était encore désigné sous les noms de *Affinis* et de *Pyrifolia*. Ces diverses synonimies, comme nous l'avons vu sous le n° 23, ont disparu, et le nom de *Radicans* a été maintenu pour désigner l'espèce décrite sous ce numéro, et le nom de **F.** *Integrifolia* a prévalu sur les deux autres précités.

Tige sarmenteuse, s'étendant à 6 mètres et se déployant en longs festons sur les arbres, qu'elle embrasse de même qu'une liane ; feuilles elliptiques-acuminées, cordiformes à la base, brièvement pétiolées, d'un vert foncé, nervure médiane rouge violacé; fleurs rouge pourpré vif, axillaires, géminées, pendantes, à tube court ; lobes allongés, peu ouverts, infléchis; corolle pourpre violacé, à pétales involutés. Cette espèce est peu florifère ; elle a donné naissance à une variété du nom de *Corallina*, qui est moins avare de ses fleurs. De celle-ci sont nées un nombre presque infini de sous-variétés, qui ont conservé quelques-uns des caractères du type. L'amélioration réelle qu'ils offrent a fait abandonner la culture de l'espèce.

36. **ROSÆA.** (RUIZ et PAVON, *Fl. Pérou*, p. 88.) —Tige droite, rameuse ; feuilles fasciculées, inégales et alternes, pétiolées, très-entières, glabres ; pédicelles axillaires ; pétales obcordés, plus courts que le calice. Cette espèce se rencontre dans les montagnes escarpées du Chili et de Valparaiso.

37. **SCABRIUSCULA.** (BENTH., L. C., 177, n° 987.) Tige frutescente ; rameaux pubescents ; feuilles opposées-ovales-aiguës-acuminées, quelque peu denticulées, arrondies à la base, rugueuses, de chaque côté scabres-pubescentes ; pédicelles solitaires, axillaires, d'une longueur double des feuilles ; tube du calice trois fois plus long que l'ovaire, qui est oblong et velu, un peu élargi au sommet ; lobes du calice oblongs-lancéolés-subulés-aigus ; pétales obovales-oblongs, à peine dépassant les lobes.

Feuilles de 90 à 120 millimètres ; pétioles longs de 8 à 10 millimètres ; pédicelles à peu près le double des pétioles; calice à tube coloré, un peu pubescent, long de 20 millimètres ; lobes de 10 millimètres ; pétales écarlate. ?

Cette espèce est rare ; elle croît sur le versant occidental des Andes de Quito.

38. **SIMPLICICAULIS.** (RUIZ et PAVON, *Fl. pér.*, t. 322.)—Cette

espèce se distingue par ses tiges simples, très-glabres, filiformes et pendantes, longues de 1 mètre 33 centimètres ; feuilles quaternées, linéaires-lancéolées, denticulées, longues de 7 à 8 centimètres ; pédicelles uniflores, très-courts, réunis par 4 dans une sorte d'involucre formé de 4 feuilles oblongues, concaves, quelque peu pubescentes ; fleur pendante, à tube rose, pubescent, renflé dans le haut ; lobes du calice lancéolés, dépassant les pétales ; corolle violet-pourpré. ?

39. **SPINOSA**. (PRESLE, *Reliq. Haencth*, II, 26, t. 51.) — Cette espèce croît au Chili, dans la province de Coquimbo. Arbuste très-glabre, tige présentant des tubercules proéminents un peu globuleux ; rameaux épineux ; feuilles un peu lancéolées, pétiolées ; pédicelles agrégés, plus courts que la fleur ; tube mince, court, long de 8 à 10 millimètres ; lobes du calice oblongs-aigus ; pétales obcordés, deux fois plus longs que le tube ; étamines incluses ; stigmate quadrifide, ovaire presque rond.

40. **SYLVATICA**. (BENTH., *Plant. Hartweg.*, n° 984.) — Feuilles 3-4 verticillées, amples, obovales ou ovales-acuminées, à la base cunéiformes-arrondies, à peine rugueuses, presque glabres en dessus, couvertes en dessous d'un duvet blanchâtre ainsi que les jeunes rameaux ; feuilles florales petites, orbiculaires ; fleurs portées sur des rameaux grêles ; lobes du calice étroits, lancéolés ; pétales oblongs-linéaires, plus grands que les lobes.

Feuilles de 11 à 16 centimètres, noirâtres en séchant ; calice pubescent ; tube long de 2 centimètres, un peu élargi au sommet ; lobes de 8 à 10 millimètres de long ; pétales rouges.

Cette espèce est originaire des forêts de la Guyane, sur le versant occidental du mont Pichincha.

41. **TETRADACTYLA**. (LINDLEY, *Journ. hort. soc.*, I, 304.) — Tige tubéreuse, grêle, semi-ligneuse, légèrement pubescente ; feuilles opposées, obovales-oblongues, à longs pétioles, un peu bullées ; pédoncules axillaires, solitaires, uniflores, de

la même longueur que les pétioles ; lobes du calice triangulaires, ouverts ; pétales oblongs-obtus, planes, très-courts ; étamines très-courtes ; style poilu. Espèce originaire de Guatémala.

42. **TRIPHYLLA.** (Linné, *Sp. pl.*, 159. — Humb., Bomp. et Kunt.) — Rameaux couverts de poils courts et raides ; feuilles 3 verticillées, oblongues-acuminées, très-entières, un peu rigides, pubescentes aux nervures ; pédicelles axillaires, plus courts que les fleurs, les supérieurs rameux ; lobes ovales-lancéolés-acuminés ; pétales oblongs-lancéolés, finissant en pointe, un peu plus courts que les lobes.

Cette espèce est la première du genre qui fut observée, en 1764, par Plumier ; elle est déterminée dans son ouvrage : *Nova Plant. amer. genera paru en* 1703. On la rencontre dans la Nouvelle-Grenade.

43. **UMBROSA.** (Bentham, *Plant. Hartweg.*, p. 176., n° 983.) — Rameaux pubescents et un peu poilus ; feuilles 3-4 verticillées, oblongues-aiguës, plus longues que les pétioles, à denticules écartées, glabres en dessus, pubescentes et velues en dessous, notamment sur les nervures ; pédicelles axillaires, bien plus longs que l'ovaire ; tube du calice renflé à la base, comme noueux, puis comprimé et élargi au sommet ; lobes ovales-lancéolés-aigus ; pétales largement ovales, plus longs que les lobes.

Les feuilles mesurent de 6 à 12 centimètres. Longueur du calice de 3 centimètres ; il est beaucoup plus mince que dans le *F. Ampliata*, avec lequel cette espèce a de grands rapports. Ces deux fuchsias se rapprochent aussi par plusieurs autres caractères du *F. Triphylla*.

Cette espèce croît dans les lieux ombragés proche Quito.

44. **VERRUCOSA.** (*Hartweg*, ex Benth., p. 178, n° 991.) — Plante frutescente ; rameaux glabres, verruqueux ; feuilles opposées ou ternées, ovales-oblongues-acuminées, denticulées dans le haut, étroites à la base, très-entières, un peu raides, glabres ou quelque peu pubescentes en dessous ; pédicelles axillaires solitaires aussi longs que l'ovaire ; tube

le double plus court ; lobes lancéolés ; pétales oblongs, depassant un peu les lobes.

Feuilles de 85 à 115 millimètres, à très-courts pétioles ; fleurs pendantes, rouge cocciné, longues de 25 millimètres, comme l'ovaire ; pétales longs de 8 millimètres ; étamines à peine ouvertes.

Cette espèce est originaire de la province de Bogota.

§ III. — Longiflorœ.

CARACTÈRES. — Fleurs dont la partie tubuleuse libre du calice est deux ou trois fois plus longue que les lobes ; étamines exsertes.

45. **APETALA.** (Ruiz et Pavon, *Fl. pér.*, III, p. 86, t. 323. — Cette espèce croît au Pérou dans les forêts, où elle grimpe autour du tronc des arbres. Tige velue ; rameaux verruqueux ; feuilles grandes de 7 sur 14 centimètres, à longs pétioles de 5 centimètres, alternes, ovales-acuminées, très-entières ; rameaux, pétioles, pédicelles et les plus jeunes feuilles quelque peu pubescents ; pédicelles presque en corymbe, plus courts que les fleurs ; calice rouge, renflé en massue, long de 50 à 60 millimètres, pubescent ; lobes ovales, d'un jaune clair, longs de 25 millimètres ; pétales nuls. Ce fuchsia vient d'être introduit en Europe. M. Linden, de Bruxelles, en annonce la mise en vente pour le printemps 1857.

46. **CARACASANA.** (*Gard. sertum plant.*, t. 29.) — Rameaux allongés, grimpants, un peu tétragones, couverts de poils blanchâtres ; feuilles 3 verticillées, ovales-oblongues aiguës, inégales à la base, entières ou à peine denticulées, presque glabres en dessus, pubescentes en dessous, notamment sur les nervures ; pédicelle plus court que la fleur ; tube du calice très-allongé, atténué à la base ; lobes aigus ; pétales

oblongs, très-amples, de la longueur des lobes ; style à peine exserte. — Cette espèce croît aux environs de Caracas.

47. CONFERTIFOLIA. (*Gardn. sertum plant.*, t. 28.)—Rameaux cylindriques, grimpants, couverts de poils ferrugineux ; feuilles petites, rapprochées, 3 verticillées, ovales-aiguës, à peine denticulées, marquées de points transparents nombreux ; pétioles velus sur les bords ; fleurs terminales un peu en corymbe ; pédicelles plus courts que les fleurs ; tube calicinal allongé, atténué dans le bas ; lobes étroits-aigus, plus longs que les pétales, qui sont lancéolés-aigus ; style inclus.— Cette espèce croît au Brésil.

48. CORDIFOLIA. (BENTH., *Plant. Hartweg*, p. 74, n° 528, et *Paxton magazin.*, n° 99.) — Tige glabre ; feuilles opposées ou 3 verticillées, à longs pétioles, acuminées, denticulées, un peu pubescentes en dessus, glabres en dessous, bien cordiformes, grandes, d'un vert jaunâtre ; pédicelles axillaires, uniflores, plus courts que la feuille ; calice persistant ; tube allongé ; pétales ovales-acuminés, dépassant à peu près du double les lobes du calice ; fleur rose vermillonné, sépales d'un beau vert ; corolle petite, verte. Cette espèce est voisine du *F. splendens*, mais elle est plus glabre, les fleurs sont plus longues et la corolle plus courte ; la longueur du tube est de 45 millimètres et celle des lobes est de 15 millimètres ; étamines à peine saillantes. Le fruit a une saveur acidulée ; on le désigne dans le pays sous le nom de *Melocotoncito.*— Cette espèce croît dans le Guatémala, sur le volcan Xétuch.

49. CORYMBIFLORA. (RUIZ et PAVON, *Flore pér.*, III, t. 325.) — Espèce botanique trouvée au Pérou, dans les forêts ombragées, autour de Cinchao et de Muna. Cet arbuste s'élève de 2 à 3 mètres ; il se fait remarquer par un large et beau feuillage à nervure médiane rose violacé, de 20 centimètres de long sur 10 de large, et par ses grappes florales pendantes, qui successivement s'allongent de 30 centimètres et plus ; fleur rouge carminé ; tube de moyenne grosseur, long de 8 centimètres ; sépales courts, étroits, totalement réfléchis à la fin de la floraison ; corolle petite, plus vive que le calice ; pétales isolés et pendants ; fruits en baie arrondie, d'un goût fade et doucereux. C'est un très-bel arbuste à grand effet, dont la culture, à tort, est presque abandonnée.

50. **DENTICULATA.** (Ruiz et Pavon, *Fl. Pérou*, t. 325.)— Bel arbrisseau à rameaux trigones, étalés, de couleur purpurine ; feuilles 3 verticillées, pétiolées, oblongues-lancéolées, de chaque côté acuminées, denticulées, un peu velues en dessous sur les nervures, longues de 16 à 18 centimètres ; pédicelles axillaires, uniflores, presque plus courts que la fleur ; calice ventru, velu à l'intérieur; lobes lancéolés-acuminés ; pétales obovales dépassant presque du double les lobes ; fleurs pendantes, pourpre. Cette espèce se rencontre dans les rochers et les lieux escarpés du Pérou, aux environs de Huassa et de Cheuchin, où on la désigne sous le nom de *Molle-Cantu*, c'est-à-dire plante belle.

51. **FULGENS.** (Sesse, *Fl. mex. icon. inéd.*)— Cette belle espèce a été découverte au Mexique et introduite en Angleterre dans l'année 1837, puis en France l'année suivante.

Racines tubéreuses; tige suffrutescente, rameuse, glauque, purpurine ; feuilles pétiolées, opposées, ovales, cordiformes, quelque peu pubescentes, à dents écartées, d'un vert jaunâtre, grandes, de 12 à 14 centimètres sur 6 à 8.

Fleurs pendantes à l'extrémité des rameaux, en longues grappes ; tube rouge-vermillon clair, cylindrique, un peu noueux à la base, mince, puis s'élargissant faiblement jusqu'au limbe; lobes courts, triangulaires, d'un jaune vert au sommet; corolle vermillon plus vif que le tube, à pétales ovales, courts, pointus au sommet, moins longs que les divisions calicinales.

52. **UARTWEGI.** (Benth., *Plant. Hartweg*, n° 994.)— Jeunes rameaux couverts de poils courts et raides ou quelquefois glabres ; feuilles verticillées, pétiolées, oblongues-acuminées, à dentelure écartée, obtuses à la base, quelque peu pubescentes sur chaque face ou quelquefois glabres ; pédicelles fasciculés en grappe ; tube du calice grêle ; lobes

étroits-lancéolés-aigus ; pétales linéaires-lancéolés-aigus , dépassant les lobes.

Feuilles semblables à celles du *F. Hirtella,* ou un peu plus étroites ; fleurs rouge-vermillon pâle, en panicule, très-nombreuses ; tube du calice long de 15 à 18 millimètres ; lobes verdâtres de 8 millimètres ; stigmate globuleux presque entier.

Cette espèce croît dans les forêts , proche Pitayo et Huambia , où elle est très-abondante dans les haies.

53. **HIRTELLA.** (HUMBOLDT, BOMPL. et KUNT., *Nov. gen. amér.*, VI , p. 104.) — Espèce provenant de la Nouvelle-Grenade. Rameaux velus-hérissés ; feuilles 3-4 verticillées , à courts pétioles, oblongues lancéolées, de 9 centimètres sur 3 ; denticulées, pubescentes de chaque côté ; fleurs disposées presque en grappes , longues de 4 à 6 centimètres ; lobes du calice lancéolés-acuminés, surpassant quelque peu les pétales, qui sont lancéolés-oblongs, un peu aigus.

54. **LONGIFLORA.** (BENTH., L. C.) —Tige frutescente, glabre ou à peine pubescente ; feuilles opposées, amples, ovales ou oblongues, étroites aux deux extrémités , à denticules écartés ; pédicelles axillaires, solitaires, beaucoup plus courts que le pétiole ; tuble calicinal très-allongé , courbé ; lobes ovales-lancéolés-acuminés ; pétales largement obovales, dépassant un peu les lobes.

Les feuilles mesurent de 40 à 45 millimètres , à courts pétioles, souvent entières ; tube long de 85 millimètres, recourbé , élargi au sommet ; lobes de 25 millimètres, pâles ; pétales rouges.

Cette espèce est très-rare ; on la rencontre dans les Andes de Quito, près Nanegal.

55. **MACRANTHA,** F. à grandes fleurs ; (HOOKER, *Botanical mag.*, et VEITCH, *Londres ,* avril 1845.) — Cette belle espèce de fuchsia a été rencontrée par M. Mathews dans la forêt d'Andimarca, au Pérou, et par M. W. Lobb dans les bois de Chasula , à 400 kilomètres de Lima, en Colombie, à 1,700 mètres environ d'altitude. Sir W. Hooker et M. Veitch

la reçurent en avril 1854, et, un an après, elle figurait en fleur à l'exposition de Londres.

Arbrisseau peu élevé, à rameaux diffus, pubescents ; feuilles ovales-aiguës, assez amples, entières, pétiolées, d'un vert clair ; pédoncules axillaires, uniflores, solitaires ou agrégés ; fleurs pendantes, à pétales rouge-pourpré ; tube du calice très-allongé, il mesure 11 centimètres, mince à la base, s'élargissant au sommet ; limbe quadrifide, divisions largement ovales, droites, ouvertes, d'une nuance pourpre teintée de jaune ; étamines incluses ; style exsert.

Cette belle fuchsie n'a pas répondu aux espérances que son apparition avait fait concevoir. Sa floraison n'a pas lieu à la même époque que tous les fuchsias ; elle réclame des soins particuliers et une culture spéciale qui peut-être n'est pas suffisamment connue. De là, un découragement qui en a fait presque abandonner la culture.

(*Voir* une belle gravure dans la *Flore des serres*, tome II, 1846, page 152.)

56. **MACROPETALA**. (PRESLE, *Reliq. Haenk.*, II, 28.) — Rameaux tétragones ; feuilles opposées, pétiolées, oblongues-lancéolées, très-entières, légèrement pubescentes, ainsi que les jeunes rameaux ; pédicelles droits, disposés presque en corymbe, deux fois plus courts que le calice, qui est allongé et à lobes oblongs-aigus ; pétales oblongs, plus longs que le calice ; étamines exsertes. Cette espèce croît au Pérou.

57. **MACROSTIGMA**. (BENTH., *Plant. Hartweg.*, p. 128.) — Rameaux glabres ; feuilles opposées, ovales-oblongues, étroites aux deux bouts, presque entières, minces, transparentes, légèrement ponctuées des deux côtés, pubérulentes ; pédicelles axillaires, solitaires, un peu plus longs que l'ovaire ; tube du calice allongé, un peu courbé, renflé au-dessus de la partie médiane, légèrement pubescent ; lobes du calice oblongs-acuminés-aigus ; pétales obovales, égaux aux lobes.

Longueur des feuilles, de 8 à 10 centimètres ; des pétioles, de 2 centimètres ; du tube, de 5 à 6 centimètres ; des lobes, de 2 centimètres. Corolle rouge ; stigmate très-gros, lobé dans le haut.

Cette espèce croît dans les montagnes de la Colombie, à Paccha.

58. **MINIATA**. (PLANCHON et LINDEN, *Flore des serres*, t. VIII, p. 7.) — Cette espèce, à longues fleurs pendantes, a été découverte par l'un des collecteurs de M. Linden dans la Nouvelle-Grenade (Amérique méridionale), qui l'adressa à son patron, dans les serres duquel elle a fleuri pour la première fois en 1852.

Tige rameuse ; pétioles et nervures purpurins ; feuilles pubescentes, oblongues-lancéolées-acuminées, quaternées ou ternées ; fleurs axillaires, disposées par 6-12 à l'extrémité des rameaux ; tube vermillon-pourpré clair, allongé, même à la base, et devenant progressivement infundibuliforme ; sépales semi-lancéolés, aigus, courts, à pointes vertes ; pétales de la corolle de petite dimension, d'un rouge minium éclatant ; les étamines égalent la corolle en longueur ; style exsert.

59. **MONTANA**. (CAMBESSEDES, *Fl. br.*, t. 134.)—Rameaux sillonnés, un peu pubescents au sommet ; feuilles ternées, oblongues-aiguës, à peine denticulées, glabres, les plus jeunes pubérulentes ; tube du calice infundibuliforme ; lobes de même longueur ; pétales obovales, involutés ; corolle violacée. Cette espèce, venue du Brésil, a été introduite par M. de Jonghe, de Bruxelles, en 1847. Après en avoir constaté la médiocrité, il a été le premier à la rejeter.

60. **SERRATIFOLIA**, à feuilles dentées en scie. (RUIZ et PAVON, *Fl. péruv.*, III, 86, t. 323. — DE CAND., *Prod.*, III, 39. — LINDL., *Bot. reg.*, t. 41. — PAXTON, *Bot.*, XII, p. 169, *cum icone. — Flore des serres*, tome V, p. 447, *cum icone.*

Cette belle espèce est originaire du Pérou, où elle a été découverte près de Muna, par Ruiz et Pavon, et vue dans une localité voisine par W. Lobb, qui en fit parvenir des exemplaires à MM. Veitch, d'Exeter, 1847.

Arbrisseau à rameaux sillonnés, glabres ; tige, rameaux,

pétioles et nervures de couleur purpurine ; feuilles 3-4 verticillées, les inférieures pendantes, oblongues-lancéolées-acuminées-aiguës, à dentelure espacée et glanduleuse, glabre à l'exception du limbe, qui est légèrement pubérulent, d'un vert foncé à reflet bleuâtre ; fleurs axillaires, solitaires, pendantes, rose carminé vif, beaucoup plus longues que les pédicelles ; calice renflé à la base, très-peu pubescent ; lobes du calice triangulaires-lancéolés, verts au sommet ; pétales ovales, légèrement ondulés au limbe, plus courts que les lobes, d'une nuance vermillon clair ou orangé ; étamines et style un peu exserts. De cette espèce sont nées plusieurs variétés. (*Voir* à la deuxième partie, n°s 329, 330 et 331.)

61. **SESSILIFOLIA.** (Bent., *L. C.*, p. 176, n° 985.)—Tige glabre ou quelque peu canescente ; feuilles 3-4 verticillées, *sessiles* (*undè nomen*), allongées-oblongues-acuminées, à denticules éloignées ; feuilles florales petites, lancéolées ; fleurs disposées en panicules grêles ; lobes du calice étroits-lancéolés ; pétales oblongs, plus courts que les lobes.

L'inflorescence et les fleurs sont presque semblables à celles du *F. Hartwegi;* mais cette espèce se distingue surtout par ses feuilles sessiles, mesurant de 18 à 24 centimètres, larges de 75 millimètres ; pédicelles plus courts que l'ovaire; fleurs longues de 30 millimètres.

Cette espèce est originaire des forêts de la Guyane, sur le versant occidental du mont Pichincha.

62. **SPECTABILIS.** (Veitch. — Hooker, *Botanical magazine*, juin 1848.) — Cette belle espèce, à longues fleurs, a été découverte par W. Lobb au milieu des bois ombreux des Andes de Cuença (Quito), d'où il l'adressa à son digne patron, M. Veitch. Ce fut dans le cours de l'automne 1848 que son introduction eut lieu en France.

Sir W. Hooker, à qui on en doit la détermination botanique sur des échantillons recueillis à Pambo de Yeerba Buena, par M. Seeman, capitaine d'un navire anglais, en a donné la description suivante : arbrisseau peu élevé (dans son pays natal, il atteint jusqu'à 1 mètre 33 centimètres), à rameaux glabres, d'un beau rouge sanguin ; feuilles ovées-elliptiques, longues de 15 à 20 centimètres, d'un vert velouté en dessus et d'un riche pourpre en dessous ; pédoncules axillaires, solitaires, uniflores, purpurins ; tube calicinal infundibuliforme, long de 10 centimètres, renflé à la base, rouge pourpré ; limbe divisé en quatre segments étalés, ovés-acuminés ; pétales au nombre de 4, orbiculaires étalés, rouge vermillon ; étamines plus courtes que les pétales ; style terminé par un stigmate quadrilobé, très-volumineux.

Dans le but d'activer sa végétation lors de son introduction, on le tint en serre chaude, où il ne réussit pas. M. de Jonghe, de Bruxelles, nous a donné le conseil de le placer dans une serre aux camellias, où on lui donnerait les mêmes soins qu'à ces arbustes. C'est ainsi qu'il avait obtenu un sujet d'une vigueur remarquable, dépassant à l'automne 1 mètre en hauteur, qu'il espérait amener à parfaite floraison au printemps suivant.

Quoi qu'il en soit, ce fuchsia, de même que le *Macrantha*, le *Venusta* et le *Miniata*, est avare de ses belles fleurs ; celles-ci ne s'épanouissent pas dans le cours de l'été, comme les autres fuchsias, et il est rare d'en trouver de beaux pieds et encore plus de les voir amenés à une floraison convenable.

(*Voir* une belle gravure dans la *Flore des serres*, t. IV, pl. 319.)

63. **SPLENDENS**. (ZUCCARINI, *In flora*, 1832. — *T. Beibl.*, 102. — LINDL., *Bot. reg.*, 1842, t. 67. — HOOKER, *Bot. mag.*, t. 4082.) — Cette espèce a été découverte au Mexique par M. Hartweg, près du volcan de Xetuch, à une altitude de plus de 3,000 mètres. Suivant sir W. Hooker, ce fuchsia aurait été également recueilli par M. Linden à Chamula, et il se serait encore trouvé dans une collection de plantes expédiée de Guatémala par Skinner.

Rameaux trigones et pétioles pubérulents un peu visqueux ; des poils il découle une liqueur visqueuse répandant une odeur désagréable comme la fleur du *Berberis vulgaris* ; feuilles opposées ou ternées, à longs pétioles. ovales-cordiformes-acuminées, mesurant 7 centimètres sur 5, denticulées, crispées-ridées, à nervures saillantes, d'un vert jaunâtre ; pédicelles grêles, égalant les pétioles ; tube du calice très-comprimé à la base, ayant la forme d'une double carène, rouge pourpré vif ; lobes du calice triangulaires, d'une nuance verte ; corolle petite, à pétales étalés, ovales-planes-aigus, alternes avec les lobes, de moitié moins longs que ceux-ci, d'un vert jaunâtre ; étamines et style saillants.

(*Voir* une gravure de ce fuchsia *Flore des serres*, tome V, page 458.)

64. **VENUSTA.** (DE CAND., *Prod.*, 3. — LINDLEY in PAXTON ; *Flore des serres*, t. V, p. 538.) — Cette espèce d'abord fut rencontrée par Humboldt et Bompland dans la Nouvelle-Grenade et par eux décrite dans leur ouvrage sur les plantes d'Amérique. Depuis, elle a été retrouvée par Hartweg aux environs de Santa-Fé de Bogota ; mais les graines qu'il en rapportait furent perdues pendant la traversée à son retour. C'est à MM. Schlim et Funck, collecteurs de M. Linden, que revient le mérite de l'introduction à l'état vivant de ce fuchsia en 1850.

Cet arbrisseau a les rameaux très-légèrement velus, en feuilles opposées ou 3 verticillées, elliptiques-aiguës, à longs pétioles, sinueuses aux bords, glabres, quelque peu dentées.

Pédicelles axillaires, uniflores, plus courts que la fleur, disposés au sommet des rameaux ; tube rouge vermillon clair ; il forme un renflement sphérique près de l'ovaire, puis devient infundibuliforme, long de 50 à 60 millimètres, cannelé ; lobes du calice ovales-lancéolés-aigus, longs de 15 millimètres, verts au sommet ; corolle vermillon orangé, à pétales crispés-ondulés-lancéolés, excédant un peu les lobes ; étamines et style à peine exserts.

La culture de ce fuchsia doit se régler sur celle des *F. Ma-*

crantha, *Montana* et notamment du *Serratifolia*, dont la floraison a lieu à la même époque.

—

DEUXIÈME SECTION.

CARACTÈRES. — Feuilles alternes ; tube du calice ventru et présentant des bosselures à la base, au-dessus de l'ovaire ; ovules très-petites, réunies sans ordre autour du placenta central.— Une seule espèce.

65. **EXCORTICATA.** (LINN., *Il. suppl.*. 217. — LINDLEY, *Bot. reg.*, t. 857. — LINK et OUV., *Abb.*, t. 46. — FORSTER *Prod.*, 168.) — Cette espèce fut découverte en 1821, par Forster, dans la Nouvelle-Zélande. Trompé sur la formation de la corolle, ce botaniste prétendit d'abord que ce fuchsia devait former le type d'un nouveau genre sous le nom de *Skinnera excorticata ;* mais l'erreur étant reconnue, cette plante fut rangée définitivement dans le genre fuchsia. En voici la description :

Arbuste à rameaux glabres, se dépouillant de leur écorce ; feuilles alternes, pétiolées, ovales-lancéolées-acuminées, de 4 centimètres sur 1 et demi, blanchâtres et glabres en dessous ; pedicelles axillaires plus courts que la fleur ; lobes du calice lancéolés, plus longs que le tube, à trois nervures ; pétales ovales, dépassant du double les lobes ; calice pourpre ; pétales violets. Originaire de la Nouvelle-Zélande.

La fleur de cette plante est bizarre ; elle offre peu d'attrait à l'horticulteur et elle a été complétement négligée.

—

DEUXIÈME PARTIE
VARIÉTÉS ET HYBRIDES

1. ABONDANCE. (*De Jonghe*, Bruxelles, 1850.) — Cette variété belge a la fleur rose-vermillon tendre ; tube gros, long de 25 millimètres ; sépales courts, horizontaux ; corolle d'un beau rouge-vermillon. Elle est florifère et supérieure au *F. minerva superba*, avec lequel elle offre de l'analogie.

2. ADMIRABLE. (*Keyne*, 1849.) — Fleur vermillon clair ; tube gros, long de 25 millimètres ; sépales larges, étalés, infléchis ; corolle moyenne, à pétales plissés, vermillon carminé.

3. ADMIRABLE. Wonderfull. (*Epss*, Angleterre, 1856.) — Port élancé, grêle, tige et rameaux purpurins, feuillage vert foncé, ovale, moyen, de 9 centimètres sur 3, à longs pétioles.

Fleur rouge cramoisi pourpré, tube court, peu renflé, long de 10 millimètres à peine ; sépales larges, entièrement réfléchis, mesurant en longueur de 25 à 28 millimètres, pointes venant s'appuyer avec grâce au-dessus de l'ovaire ; corolle d'un bleu violacé foncé, passant au pourpre, très-ample (les pétales ont 25 millimètres).

Le mérite de cette variété est réel. Elle justifie, ce qui est un fait assez rare pour qu'il soit enregistré, le titre qui lui a été donné.

Ce fuchsia occupe le premier rang dans le groupe très-nombreux des variétés à fleur rouge pourpré ; sépales réfléchis ; corolle d'un bleu plus ou moins pur, où l'on rencontre en seconde ligne le *Prince Albert*, puis l'*Empereur Napoléon*, le *Général Williams*, l'*Amiral Boxer*, *Dona Joaquina*, le *Prince de Galles*, le *Grand-Sultan*, *Favorite*, *Beauté du Bosquet*, *Charlemagne*, *Perle de Whitehill*, *Gloriosa superba*, *Omer-Pacha*, qui tous proviennent, sans aucun doute, du *Corallina* ou de sa descendance.

Ils avaient été précédés par des variétés analogues dans les années précédentes, à savoir : *Glory*, le *Collégien*, *Diadème* et *Perfection*, de Bank's ; *Exquisite* et *Premier*, de Henderson ; *Grandis* et *Modèle*, de Turner.

Cette série est devenue si nombreuse qu'il y a nécessité de faire un choix parmi elles, en éliminant les variétés trop peu distinctes et celles qui ont le moins de mérite.

Voir un dessin colorié du *F. Wonderfull* dans le n° 11, novembre 1857, de l'*Horticulteur praticien*. Il est à remarquer que ce dessin a été fait d'après une fleur arrivée au dernier période de sa fleuraison, c'est-à-dire à un moment où cette variété est moins belle et se présente avec moins d'avantages. La corolle, alors, au lieu d'être d'un beau bleu violacé, est pourpre violacé, et les sépales, au lieu d'être réfléchis avec grâce, se tiennent avec raideur au long du tube calicinal.

4. **ACANTHA**. (*Dyckson*, 1845.) — Planté naine, à fleur blanc verdâtre ; tube calicinal de moyenne force, long de 10 millimètres ; sépales écartés, à pointes infléchies ; corolle vermillon. C'était, pour son époque, une bonne variété.

5. **ADMIRATION**. (*Miellez*, 1851.) — Fleur rose vermillon ; tube gros, long de 25 millimètres ; sépales écartés, à pointes infléchies ; corolle petite, rouge vermillon orangé.

6. **ADOLPHE WEICK**. (*Schüle*, Stuttgard, 1855.) — C'est un produit de l'Allemagne qui n'est pas sans mérite. Sa fleur est blanc veiné de rose ; tube gros, court, renflé dans sa partie antérieure ; sépales larges, horizontaux, à pointes

redressées ; corolle moyenne, carmin violacé, à pétales involutés.

7. **ADONIS.** (*Smith*, 1857.) — Cette variété nouvelle nous est encore inconnue. On dit que sa fleur est rouge ; sépales réfléchis ; corolle pourpre violacé, bien ouverte ?

8. **AGNÈS.** (*Story*, 1852.)— C'est une des premières variétés à fleurs doubles qu'on ait obtenues, et, à ce titre, elle a pu fixer l'attention pendant quelque temps ; mais sa duplicature est trop peu apparente pour qu'elle soit conservée, en présence des *F. Hendersoni, Grandis* et des autres nouvelles variétés à fleurs doubles , notamment du *Violæflora flore pleno*.

9. **ALBERT SMITH.** (*Bank*, 1857.) — La fleur est globuleuse, d'un coloris rouge pourpré ; tube court, presque nul ; sépales larges, réfléchis ; corolle moyenne, bleu violacé foncé, à pétales involutés. Cette variété nous a paru fort ordinaire.

10. **ALFRED.** (*Salter*, 1851.) — Arbuste de taille moyenne, poussant peu vigoureusement. La fleur est rose lilacé tendre ; tube gros, long de 22 à 25 millimètres ; sépales larges un peu plus allongés que les tubes horizontaux ; corolle ample, campanulée, rose vif carminé. Cette variété tient encore un rang distingué dans les collections.

11. **ALMA.** (*Dender,* 1856.) — Au lieu d'une variété hors ligne, que semblait promettre un tel nom, nous n'avons à enregistrer qu'une médiocrité.

La fleur est rouge pourpré clair ; tube de moyenne force, long de 18 à 20 millimètres ; sépales larges, cambrés, écartés, à pointes infléchies ; corolle rouge pourpré vif, moyenne ; pétales plus courts que les sépales.

12. **ALPHA.** (*Smith*, 1851.)— Tige, rameaux et nervures des feuilles purpurins ; feuillage vert foncé, ovale-allongé-aigu, très-denté ; fleur rouge pourpré vif ; tube court, mince, long de 10 millimètres ; lobes du calice larges, plus allongés que le tube, horizontaux, quelquefois réfléchis ; corolle pourpre violacé, à larges pétales, obovales-tronqués.

Cette variété a quelque analogie avec *Don Juan*, mais dans

des proportions moins grandes; elle est bien plus florifère, et, à ce titre, il est bon de la conserver.

13. AMÉDÉE DASSY. (1847 ou 1848.) — Cette variété, après avoir fixé l'attention des amateurs par la nuance de sa corolle et par la grosseur de sa fleur, a cédé enfin à l'action du temps, et on a peine à la retrouver. Fleur presque globuleuse, pourpre foncé, à très-gros tube; sépales larges, relevés; corolle pourpre nuancé de brun.

14. AMI. (*Turner,* 1853.) — La fleur de cette élégante variété est blanche; tube long de 20 à 25 millimètres; sépales larges, réfléchis, un peu plus longs que le tube; corolle moyenne, obovale, rose violacé, bordée de carmin, campanulée.

15. AMIRAL. (*Batten,* 1854.) — Fleur blanc carné, nuancé de rose vif; tube de bonne force, long de 12 millimètres; sépales écartés, infléchis; corolle moyenne, carmin violacé, à pétales involutés. Cette variété, par sa forme et son coloris, rappelle *Elise Miellez,* toutefois son tube est moins long et sa corolle plus violacée.

16. AMIRAL BOXER. (*Smith,* 1856.) — Fleur rouge pourpré brillant; tube court, de 8 à 10 millimètres, de moyenne grosseur; sépales très-larges, deux fois plus longs que le tube, totalement réfléchis; corolle de bonne ampleur, bleu violacé, passant au pourpre violacé. Ce fuchsia ressemble au *Prince Albert;* comme celui-ci, il fait partie d'une série nombreuse de variétés issues du *Corallina,* et qui se distingue par de certains caractères que nous avons décrits précédemment. (*Voir,* n° 3, *Admirable, Wonderfull,* de Epss.)

17. ANNA. (*Boucharlat,* Lyon, 1856.) — La fleur de cette variété est d'une nuance vermillon-rosé tendre, à gros tube long de 20 millimètres; sépales larges, horizontaux, à pointes infléchies; corolle vermillon brillant, à pétales plissés, de deuxième ordre à peine; feuillage vert clair, ovale-arrondi, de 7 centimètres sur 5, à dents très-éloignées.

18. ANTAGONISTE. (*Brittle,* 1857.) — Cette nouveauté anglaise provient d'un nouveau semeur; elle ne nous est pas encore connue. On dit que sa fleur est d'un blanc pur ; corolle écarlate. Magnifique ?

19. **APOLLON.** (*Pince,* 1853.) — C'est le troisième du nom ; les deux premiers, qui provenaient de MM. Smith et Verschaffelt, sont complétement oubliés, il en sera sans doute bientôt de même du dernier venu ; sa fleur est rose carminé ; tube de moyenne force, long de 15 millimètres, renflé à la base ; sépales horizontaux ; corolle violet-carminé bordé de pourpre, nuance qui n'est pas commune. Variété multiflore.

20. **ARIEL.** (*Bank,* 1853.) — C'est une belle variété, qui se fait toujours remarquer par la perfection de sa forme florale. La fleur est blanc carné ; tube gros, court, globuleux, long de 15 millimètres ; sépales larges, horizontaux ; corolle campanulée, à larges pétales, obronds, carmin vif.

21. **ARTHUR DE LA FERTÉ.** (*Narcis*, Evry-lès-Châteaux, Seine-et-Marne, 1855.) — Fleur rose-vermillon tendre, à tube très-renflé, long de 20 millimètres ; sépales larges, horizontaux, à pointes relevées ; corolle vermillon foncé, à pétales plissés. Bonne variété.

22. **ASTRE, STAR.** (*Story,* 1857.) — Port élancé, feuillage de grandeur moyenne, vert foncé, à nervures purpurines ; fleur rouge pourpré clair, tenue par de longs pédicelles ; tube court et mince, de 10 millimètres ; sépales larges et de 30 à 35 millimètres de longueur, totalement réfléchis ; corolle double, d'une jolie nuance bleuâtre passant au violet purpurin. Les pétales sont moins nombreux que dans le *Violœflora*, et, au lieu de rester en un groupe serré, ils tendent à s'écarter, comme ceux de l'*Hendersoni*. Ces trois fuchsias, qui sont, à notre sens, les meilleures variétés à fleurs doubles, diffèrent entre eux par certains caractères, et chacun a son mérite particulier qui doit le faire rechercher des amateurs.

23. **ASTRE DE LA NUIT.** Star of the night. (*Bank,* 1857.) — La fleur de cette nouveauté est, dit-on, cramoisi ; sépales réfléchis ; corolle large, campanuliforme, d'un riche violet, parfois rubané de rose cramoisi ?

24. AUGUSTE RENOULT. (*Renoult*, 1857.) — Fleur rouge pourpré très-foncé, à tube court et très-gros, long de 15 millimètres ; sépales très-allongés, se tenant presque horizontalement, d'une longueur double de celle du tube ; corolle très-ample, violet pourpré, même nuance que la fleur de *Don Giovanni ;* elle est double et se compose de 12 à 15 pétales. C'est une variété qui, par l'ampleur de sa fleur, produit un bel effet.

25. AURORA. (*Dender*, 1855.) — Feuilles vert clair, ovales-arrondies-aiguës, de 7 centimètres sur 5, très-dentées. Le calice de la fleur est très-gros, long de 20 millimètres, d'une nuance vermillon-rosé tendre ; sépales un peu courts, horizontaux, à pointes infléchies ; corolle vermillon carminé, de bonne grandeur, campanulée. Deuxième ordre.

26. AUTOCRATE. (*Bank,* 1854.) — Feuillage grand, ovale-allongé, d'un vert intense ; la fleur est rouge pourpré clair ; tube mince, long de 12 à 15 millimètres ; sépales larges, deux fois plus longs que le tube, totalement réfléchis ; corolle large, violet-bleuâtre foncé. D'un bel effet.

27. AVANT GARDE. Vanguard. (*Bank*, 1854.) — Tige et rameaux purpurins ; fleur pourpre foncé ; tube court, globuleux ; sépales très-allongés, réfléchis ; corolle ample, bleu foncé. Belle variété.

28. BALDUIN. (*Erben*, 1857.) — Nouveauté annoncée sans aucune description.

29. BEAUTÉ. Beauty. (*Smith,* 1853). — Plante buissonnante ; feuilles d'un vert foncé, ovales-lancéolées-aiguës, mesurant quelquefois 70 millimètres, gaufrées et crispées ; fleur blanc de cire rosé ; tube de moyenne force, long de 15 millimètres ; sépales plus allongés que le tube, horizontaux, à pointes réfléchies ; corolle petite, lilas violacé. Jolie variété.

30. BEAUTÉ DU BOSQUET. Beauty of the bower. (*Bank*, 1855).—Fleur rouge pourpré vif ; tube de moyenne grosseur, long de 15 millimètres ; sépales larges, lancéolés-aigus, plus allongés que le tube, réfléchis. Corolle moyenne, à pétales involutés, bleu violacé, passant au pourpre.

Cette jolie variété fait partie d'un groupe nombreux issu du *Corallina*. (*Voir* la note au mot *Admirable,* de Epss, n° 3.)

31. **BEAUTÉ DE DALSTON**. (*Smith*, 1849.) — La fleur est blanc rosé; tube gros, long de 20 millimètres; sépales larges, horizontaux : corolle moyenne, rouge - vermillon carminé. C'était une belle variété, qu'on ne retrouve pas facilement.

32. **BEAUTÉ DE LEEDS**. (*Nichol's*, 1848.)—Plante naine; feuillage moyen, ovale-lancéolé, très-denté, d'un vert jaunâtre; fleur rose tendre; tube gros, long de 20 millimètres; sépales larges, horizontaux, à pointes aiguës; corolle vermillon violacé.

Cette belle variété a été mise une seconde fois dans le commerce en 1852, sous le nom un peu bizarre de *As-you-Like-it* (comme il vous plaira!).

33. **BEAUTÉ DE RICHMONT**. (*Rumley*, 1850.) — Fleur blanc carné; tube un peu mince; sépales écartés; corolle violet pâle.

34. **BEAUTÉ SANS PAREILLE**. (*Crousse*, Nancy, 1854.) — Sous ce titre un peu ambitieux, M. Crousse a mis dans le commerce un fuchsia dont la fleur est rouge vermillon veiné de blanc verdâtre; tube de bonne force, long de 20 à 25 millimètres; sépales larges, horizontaux; corolle rouge violacé, un peu petite.

35. **BEAUTÉ SUPRÊME**. (*Proctor*, 1849 ou 1850.) — Fleur blanc de cire, un peu rosé; tube d'une force ordinaire, long de 15 millimètres; sépales horizontaux; corolle petite, rouge carminé.

36. **BEAUTÉ DE STRATFORD**. (*Glascow*, 1850.) — Fleur blanc de cire; tube de bonne force, long de 18 millimètres; sépales rose vermillon, larges, à pointes infléchies; corolle moyenne, rouge vermillon. Cette variété, que nous avions notée comme belle dans son origine, n'est pas encore à dédaigner.

37. **BELLADONA**. (*Hockins*, 1852.) — Les feuilles sont d'un vert jaunâtre, moyennes, ovales-lancéolées; fleur blanche,

à tube gros et court ; sépales peu larges, ouverts, à pointes infléchies ; corolle de petite dimension , rose lilacé, à pétales plissés. C'est en résumé une plante médiocre.

38. BELLE ÉTOILE. (*Smith.* 1851.) — Arbuste d'un port peu élevé ; fleur rose vermillon très-pâle ; tube de force ordinaire, long de 15 millimètres ; sépales larges, écartés, infléchis, plus courts que le tube ; corolle vermillon éclatant, pétales plissés, pendants. Bonne variété.

39. BELLE ORIANA. Fair Oriana. (*Bank*, 1857.) — La fleur est blanche, tube gros, court, de 15 millimètres ; sépales larges, totalement réfléchis ; corolle de moyenne grandeur, rose vif carminé. Bonne variété.

40. BELLE ROSAMONDE. Fair Rosamund. (*Henderson*, 1850. — Après six années d'existence, c'est encore une bonne variété ; fleur blanche ; tube long de 20 millimètres, gros ; sépales rayés, larges, étalés ; corolle moyenne, rouge carminé.

41. BELLIDIFLORA FLORE PLENO. (*Dubus*, 1856.)—Feuillage vert clair, un peu rougeâtre en dessous, de 6 sur 4 centimètres, à dents espacées ; fleur blanc de cire, carné, verdâtre ; tube faible, long de 12 à 15 millimètres, rayé ; lobes du calice larges, deux fois plus longs que le tube, à pointes très-aiguës et infléchies. Corolle double, violet carminé clair ; pétales involutés et plissés. La nuance de cette variété est terne, ses lobes sont trop allongés en proportion de la longueur du tube, et les pétales ne sont pas assez amples. Les fleurs ont, en outre, le défaut de ne pas bien s'ouvrir et d'être de courte durée.

42. BERRYER. (*Gaine*, 1851.) — Variété issue du Corallina ; fleur rouge pourpré ; tube court, de moyenne force ; sépales grands, horizontaux ; corolle ample, rouge violacé. C'est une médiocrité qui a disparu des collections de choix.

43. BIANCA. (*Salter*, 1844.) — C'était pour l'époque de son apparition une belle variété, qui depuis a été fort négligée.

Sa fleur est rose vermillon pâle; tube assez fort; sépales peu couverts, infléchis ; corolle vermillon violacé.

44. BLANC PERFECTION, White perfection. *(Jenning,* 1848.) — Cette variété eut dans son temps beaucoup de succès. Fleur blanche, longue de 6 à 7 centimètres ; sépales rosés à l'intérieur ; corolle pourpre orangé.

45. BORUSSIA. *(Dender,* 1854.) — Arbuste d'un port élevé, peu florifère, dont la fleur est elle-même médiocre. C'est une de ces plantes qui n'auraient dû jamais apparaître dans le commerce. La fleur est rose violacé; tube peu renflé, long de 15 millimètres ; sépales larges, écartés, presque horizontaux, à pointes infléchies ; corolle moyenne, d'une nuance violacée.

46. BOULE DE NEIGE, Snow Dropp. *(Story,* 1855.) — Cette variété fait partie du groupe des fuchsias à corolle blanche obtenus, il y a deux ans, en Angleterre. Ces fuchsias ont entre eux une telle ressemblance qu'il est facile de les confondre. Ils ont eu pour eux le mérite de la nouveauté, et, pour l'horticulteur, ils ont été le point de départ d'une race nouvelle à perfectionner. Les deux meilleures variétés de ce genre sont *Comtesse de Burlington* et *Mistress Story.*

Quant à ce fuchsia, il a, comme les autres, le tube rouge pourpré clair, un peu velu, de moyenne force, long de 10 à 12 millimètres ; sépales larges, pendants, à pointes relevées. Corolle blanche, striée de carmin, à pétales involutés.

(Voir, à l'article *Empress Eugénie,* l'observation générale sur la série des fuchsias à corolle blanche parus en 1855.)

47. BRIDE, la Mariée. *(Mayle,* 1855.) — Fleur blanche à long tube, mesurant 22 à 25 millimètres, gros; sépales rosés, larges, se tenant horizontalement; corolle vermillon, de moyenne grandeur. Bonne variété.

48. BRILLANT. *(Patterson,* 1853.) — Beau et large feuillage, fortement denté; fleur rouge pourpré-clair; tube très-renflé, presque globuleux : sépales larges, réfléchis ; corolle campaniforme, rouge carminé à pétales plissés et tombants; de bonne grandeur.

49. CAISSIER-HOCHSTETTER. *(Schüle, 1855.)* — Fleur rose carminé; tube mince, long de 25 millimètres; sépales larges, horizontaux, à pointes infléchies; corolle carmin violacé, moyenne, à pétales involutés. Médiocre.

50. CAMÉLÉON. *(Demouveaux, 1856.)* — Fleur blanc verdâtre; tube mince, long de 20 millimètres; sépales étroits, plus allongés que le tube, à pointes vertes; corolle rouge-vermillon, à pétales étroits, divisés par une ligne blanche, de même longueur que le tube. Variété quelque peu originale, mais sa fleur est mal faite et manque de grâce; en résumé, elle est médiocre.

51. CARTONI. *(Bank,* 1852. — C'est une jolie variété, multiflore, à fleurs dont les sépales sont totalement réfléchis, mais qu'on a négligée depuis que dans ce genre on a obtenu des variétés meilleures et plus grandes. La fleur est rouge pourpré clair; tube mince, court; sépales réfléchis; corolle bleu foncé.

52. CATHERINE HAYE. *(Bank,* 1857.) — Fleur rouge pourpré vif; tube court, mesurant de 8 à 10 millimètres; sépales larges, réfléchis; corolle ample, violet lilacé clair, campanuliforme. C'est une très-belle variété, dans le genre du *F. duc de Wellington,* mais dont la corolle a bien plus d'ampleur.

53. CEDO NULLI. *(Pond,* 1857.) — Ce fuchsia ne nous est encore connu que de nom. D'après les catalogues, la fleur serait rouge pourpré; sépales réfléchis; corolle pourpre foncé.

54. CERASIFORMIS. *(Mieller,* 1851.) — Fleur rouge carminé, droites, tenues par de courts pédoncules, très-grosses; tube presque nul, globuleux; sépales larges, écartés, à pointes infléchies; corolle petite, rouge violacé.

Cette fleur est peu gracieuse dans son ensemble et la corolle est de trop faible dimension. Aussi cette variété, dont on avait annoncé l'apparition avec beaucoup trop d'emphase, a-t-elle disparu des cultures.

55. CHANDLER. *(Chandler,* 1840.) — C'était une charmante variété naine, à fleurs d'un rose tendre, presque globuleuses ; corolle vermillon. Nous n'en faisons mention qu'à raison du succès qu'elle a obtenu et comme souvenir d'un passé agréable.

56. **CHARLEMAGNE.** *(Banck,* 1856)—Feuilles ovales allongées-acuminées, de 4 centimètres sur 2 centimètres ; pétioles et nervures purpurins ; pédicelles de la même nuance, longs de 3 à 4 centimètres ; fleur rouge pourpré-clair ; tube mince, long de 12 millimètres ; lobes du calice larges, ovales allongés-aigus, deux fois plus longs que le tube ; corolle rouge brun violacé, peu ample, à pétales involutés. Cette variété fait partie de la descendance du *Corallina,* signalée au n° 3.

57. **CHARLES MIEG.** *(Narcis,* 1855.) — Fleur rose vermillon clair, tube gros, long de 25 millimètres ; sépales larges, courts, presque horizontaux, à pointes infléchies, vermillon éclatant.

C'est une bonne variété, dont la corolle cependant n'est pas en proportion avec les autres parties de la fleur.

58. **CHARLES PALMER.** *(Batten,* 1855.) — Fleur rose vermillon tendre, tube gros, long de 25 millimètres ; sépales larges, écartés, à pointes infléchies ; corolle moyenne, vermillon vif nuancé de brun.

Cette variété, de deuxième ordre, ressemble au *F. duchesse de Bordeaux ;* mais les fleurs de celle-ci sont plus grandes, et on doit leur accorder la préférence.

59. **CHARMER.** *(Bank,* 1854.) — Fleur d'un blanc de cire verdâtre un peu rosé ; tube mince, long de 15 millimètres ; sépales larges, à pointes réfléchies, corolle moyenne, violet pâle.

Cette variété a de l'analogie avec *Euterpe ;* mais celle-ci en diffère par un tube plus fort et le coloris plus vif de la corolle.

60. **CHRISTOPHE COLOMB.** *(Crousse,* 1853.) — Fleur rose vermillon tendre, tube gros, long de 15 millimètres ; sépales larges et courts, horizontaux, à pointes infléchies,

d'une nuance plus vive que le tube; corolle de moyenne grandeur, à pétales plissés, vermillon brillant. Ce fuchsia a de l'analogie avec *Anna* (Boucharlat).

61. **CLAPTON-HÉROS.** (*Batten*, 1851.) — Ce fuchsia a le port élevé, un large et beau feuillage et de grandes fleurs bien faites et d'un coloris vif. C'est une belle variété, dont la culture convient mieux à la serre qu'au dehors.

Fleur rouge pourpré; tube de bonne force, long de 20 millimètres; sépales larges, plus longs que le tube; corolle ample, violet pourpré.

Cette variété ressemble beaucoup à *Don Juan*; on peut même les confondre, à moins d'apporter dans l'examen une certaine attention. Le *Héros de Clapton* a le tube plus long et la corolle moins allongée; en outre, la nuance du calice est moins vive; quant aux corolles, le coloris est le même.

62. **CLIMAX**, Gradation. (*Bank*, 1855.) — Arbuste au port élancé, tige et rameaux purpurins; fleur rouge clair-carminé; tube peu renflé, court, long de 10 millimètres; sépales trèslarges, totalement réfléchis; corolle à pétales involutés, larges, d'un bleu foncé, passant au pourpre violacé.

C'est une belle variété qui tient un rang distingué parmi la nombreuse série de fuchsias à fleurs plus ou moins rouges, à corolle d'un bleu violacé et à sépales réfléchis, issus du *Corallina*.

63. **CLIO.** (*Banck*, 1854.) — Variété de premier ordre, à fleurs blanc carné; tube gros, long de 15 millimètres; sépales roses, réfléchis; corolle à larges pétales, d'une belle nuance vermillon pourpré.

64. **COEUR DE LION.** (*Bank*, 1857.) — Fleur rouge pourpré brillant; tube mince et court; sépales entièrement réfléchis; corolle ample, violette,

65. **COLLÉGIEN**, *Collégian*. (*Bank*, 1853.) — Les jolies petites fleurs de cette variété ont été tellement distancées par des variétés analogues et d'un mérite supérieur, que le règne du *Collégien* a été de courte durée.

Sa fleur est rouge pourpré; tube mince et court; sépales larges, allongés, réfléchis; corolle bleu violacé.

66. COLONEL G. DE CONSEIL. — (*Baudry*, 1857, Avranches.) Cette variété a dû apparaître au printemps 1857; elle figure sans aucune description au catalogue de M. Baudry.

67. COMMANDEUR NOUVEAU. (*Porcher*, 1853.) En 1850, un fuchsia, mis dans le commerce sous le nom de *Commandeur*, se reproduisit dans l'un de nos semis, mais dans des proportions plus grandes et avec une légère différence de coloris. Au lieu d'en faire une variété nouvelle, il nous vint dans la pensée de remplacer le premier venu par notre gain, en modifiant toutefois légèrement sa dénomination. Sans être une perfection, c'est une bonne variété.

La fleur est rose tendre; tube long de 20 millimètres; sépales larges, cambrés, à pointes infléchies; corolle moyenne, rose carminé.

68. COMPACTA NOVA. (*Porcher*, 1853.) — Deux fois cette dénomination a été donnée à des fuchsias, et deux fois, à raison de leur médiocrité, ils ont cessé de figurer dans les catalogues. Il nous est donc permis d'en faire une application nouvelle à l'un de nos gains, dont la forme et le volume justifient le nom qui lui est donné.

Feuillage vert jaunâtre, grand, arrondi; fleur rose lilacé-tendre, très-grosse; leur circonférence est de 35 millimètres; sépales larges, horizontaux, d'une nuance plus vive à l'intérieur; corolle violette, campanulée, de moyenne grandeur.

Depuis trois ans ce fuchsia, qui se recommande par la grosseur toute exceptionnelle de ses fleurs, est demeuré constant.

69. COMTE DE BEAULIEU. (*Salter*, 1847.) — Le succès que ce fuchsia a obtenu lors de son apparition a eu quelque durée, et il n'a cessé que par l'obtention de variétés analogues et meilleures.

Fleur rouge pourpré-vif; tube gros, long de 25 à 30 millimètres ; sépales larges, écartés, presque horizontaux ; corolle ample, campanulée, pourpre violacé.

C'est de cette variété qu'est issu le *F. président Porcher*, qui lui est bien supérieur.

70. COMTESSE DE BURLINGTON. (*Story*, 1856.) — Feuilles vert foncé, ovales allongées-acuminées, de 7 centimètres sur 3 ; tige, rameaux, pétioles et nervures rougeâtres ; fleur rouge pourpré luisant ; tube très-court, de moyenne grosseur ; sépales larges, deux fois plus allongés que le tube, réfléchis ; corolle ample, à pétales involutés, blancs, striés de carmin.

Cette variété semble être plus florifère que les autres variétés à corolle blanche ; ses fleurs sont, dans leur ensemble, un peu plus fortes, et, à ce double titre, elle doit mériter la préférence.

71. COMTESSE DE NIEWERKERKE. (*Narcis*, 1854.) — Variété à large et beau feuillage ; fleur blanc rosé ; tube mince, long de 25 millimètres ; sépales de moyenne largeur ; corolle ample, rouge cramoisi, à pétales plissés.

Ce fuchsia ne saurait être compris dans les variétés d'élite, il a le tube trop mince.

72. CONCILIATION. (*Miellez*, 1850.)—Variété buissonnante ; feuilles moyennes, ovales, vert foncé, crispées ; fleur rose tendre ; tube gros, long de 18 millimètres ; sépales larges, ouverts, à pointes infléchies ; corolle rouge vermillon-carminé, de moyenne grandeur.

La fleur serait de nature à concilier tous les suffrages, si le port de l'arbuste était plus gracieux.

73. CONQUEROR. (*Smith*, 1856.) — Feuillage grand, ovale-allongé, à nervures purpurines ; fleur rouge violacé clair ; tube de moyenne force, long de 20 millimètres ; sépales larges, réfléchis, d'une longueur à peu près double de celle du tube ; corolle grande, violet pourpré, passant au rouge violacé. C'est une belle variété.

74. CONSOLATION. (*Turvill*, 1851.) — Fleur vermillon tendre ; tube gros, long de 20 millimètres ; sépales larges, horizontaux, à pointes infléchies; corolle d'une bonne ampleur, vermillon carminé. Deuxième ordre.

75. CONSPICUA. (*Bank*, 1851). — Feuillage ovale-lancéolé-aigu, très-denté, d'un vert jaunâtre; pétioles recourbés, longs de 4 centimètres; fleur blanche; tube très-renflé, long de 18 à 20 millimètres; sépales larges, un peu rosés, horizontaux; corolle carmin éclatant.

Il est à regretter que le port de l'arbuste et son feuillage tombant et recoquillé ne soient pas en harmonie avec la beauté de la fleur, qui mérite bien son nom de remarquable.

76. CORALLINA. (*Pince*, 1844.) — Cet hybride est né du *Radicans* et sans doute de l'un des fuchsias faisant partie de la section des *Macrostemmæ*. Il a conservé presque exclusivement les caractères du premier, à l'exception de quelques légères modifications dans la fleur, ce qui porterait à croire que ce serait plutôt une variété qu'un véritable hybride.

Le *Corallina* a joué un rôle intéressant dans l'histoire des progrès du genre fuchsia; déjà, il avait apporté une amélioration véritable sur son type, qui est peu florifère, puis il a donné naissance à une race nombreuse, dans laquelle se rencontrent des plantes remarquables, que l'on reconnaît aux caractères suivants :

Port élevé, souvent grêle; feuillage vert foncé; tige, rameaux et nervures des feuilles purpurines; fleur rouge pourpré plus ou moins vif; sépales souvent réfléchis, horizontaux, ou quelquefois même infléchis de même que le *Radicans*; corolle bleue ou violet foncé.

La fleur du *Corallina* est rouge pourpré clair; à tube mince et court, il a 15 millimètres; sépales larges, longs de 35 millimètres, peu ouverts, infléchis; corolle d'un bleu violet foncé, à grands pétales involutés.

77. CORINIUM (*Grégory*, 1850.)—Variété issue du *Corallina*. Fleur rouge clair; tube court et mince, long de 15 millimètres; sépales larges, à pointes réfléchies; corolle ample, d'une jolie nuance bleue violacée.

78. CORNELISSEN. (*Cornelissen*, 1857, Bruxelles.) — Cette nouvelle fuchsie ne nous est connue que par le joli dessin colorié et la description sommaire que l'on rencontre dans le n° 11 (novembre 1857), de l'*Horticulteur praticien* (1). Il y est dit que cette variété est à fleurs doubles et supérieure à l'*Hendersoni*. Elle en diffère par le coloris plus pâle de son tube et sa longueur, qui dépasserait 20 millimètres. Les sépales sont aussi plus larges et plus réfléchis. Quant à la corolle, elle est d'un bleu violacé foncé, rubanné de pourpre à la partie antérieure des pétales ; ceux-ci sont amples et semblent être involutés, à la différence des pétales de l'*Hendersoni*.

79. CORONATA FLORE PLENO. (*Dubus*, 1857, Lille.) — Feuilles opposées ou ternées, d'un vert clair, à nervures purpurines, grandes, ovales-allongées, de 6 centimètres sur 3, à dentelure très-écartée. Fleur rouge pourpré très-foncé et non écarlate, comme le portent à tort les catalogues ; tube court, de 10 millimètres seulement, peu gros, sépales extrêmement larges, longs de 25 millimètres, à pointes infléchies ; corolle très-double, d'un violet pourpré brun, se composant d'un grand nombre de pétales réunis et serrés d'une manière compacte ; ceux du centre, quelquefois plus allongés que les autres, forment pour ainsi dire une seconde corolle superposée à la première. Cette superbe variété, avec le *Violœflora*, tiennent le premier rang dans le groupe des variétés à fleurs doubles.

80. CORYMBIFLORA ALBA, ou mieux **ALBICANS.** (*De Courcelles*, Metz, 1848.) — Cette variation du type en a conservé la forme florale, le port et le feuillage, à l'exception des nervures, qui, au lieu d'être rose violacé, sont d'un vert blanchâtre. La seule différence consiste dans la nuance des fleurs, qui, au lieu d'être rouges, sont, non d'un blanc pur comme on l'avait annoncé, mais d'un blanc plus ou moins rosé, suivant l'exposition où l'arbuste est placé.

---

(1) Journal paraissant le 1er de chaque mois. Chaque liv. est accompagnée de 2 grav. col. Prix de l'abonnement pour l'année : 9 fr. — GOIN, éditeur.

(Note de l'éditeur.)

Fleur blanc rayé ; tube mince, long de 70 millimètres ; sépales étroits, courts, étalés, d'un rose vif à l'intérieur ; corolle petite, rouge carminé vif.

81. **CRENULATA.** (*Erben*, 1857.) — Variété inconnue.

82. **CRINOLINEFORMIS.** (*Koch*, 1857.) — La fleur serait, dit-on, d'un rouge carminé ; sépales réfléchis ; corolle ample, campanuliforme, violet clair ; pétales rosés à la base ; très-florifère. Si l'on en juge par le nom un peu bizarre donné à cette plante, sa fleur doit être d'une ampleur extrême.

83. **CRISTAL.** (*Fountain*, 1852.) — Feuilles ovales lancéolées, moyennes, gaufrées, d'un vert pâle ; fleur blanc verdâtre ; tube mince, long de 20 millimètres, souvent arqué ; sépales écartés, cambrés, à pointes infléchies ; corolle rouge carminé, ample.

Cette variété serait belle, si le tube était plus renflé.

84. **CRITERION.** (*Pope*, 1848.) — C'est une élégante variété, issue du *Corallina*, mais dont les fleurs rouge pourpré-clair, à sépales totalement réfléchis, sont trop petites.

85. **CURIOSO.** (1855.) — L'origine de ce fuchsia nous est inconnue ; c'est une grande médiocrité, et nous ne la mentionnons ici que pour éviter des mécomptes semblables à celui que nous avons éprouvé. Au port et au feuillage de cet arbuste, il est facile de reconnaître qu'il est né du *Cordata*. Bien loin d'apporter quelque amélioration à son type, il lui est resté inférieur.

Fleur vermillon tendre ; tube comprimé, aplati, long de 35 millimètres ; sépales très petits, infléchis, verts ; corolle à pétales très-ténus, de couleur verte.

86. **CUSPITATA.** (*Erben*, 1857.) — Inconnu.

87. **CYGNE D'ARGENT.** The Silwer Swan. (*Bank*, 1857.) — Cette variété est fort méritante ; elle se distingue par sa fleur blanche, d'une bonne forme ; tube moyen, long de 20 millimètres ; sépales réfléchis ; corolle violet lilacé, assez ample.

88. **DANIEL LAMBERT.** (*Lee*, 1857.) — Cette nouveauté est annoncée comme ayant une très-grande fleur rouge cramoisi et la corolle pourpre ?.

89. DANDY-DIAMONT. (*Story*, 1856.) — Fleur rouge pourpré, tube mince et court, long de 10 millimètres ; sépales infléchis, deux fois et demie plus allongés que le tube ; corolle violet purpurin, moyenne, à pétales involutés et trop enveloppés par les sépales. Variété médiocre.

90. DELICATA. (*Smith*, 1854.) — Sous les numéros 73, 348 et 755 de la première monographie, on trouve décrits ou mentionnés trois fuchsias de ce nom, d'origine anglaise. Le premier était un gain de *Standish*, variété florifère, élégante, à fleurs rose vermillon ; le second a été obtenu par *Newburg*, sa fleur est à tube blanc et corolle violet bleuâtre, dans le genre de *Vénus victrix* d'où il provient. Quant au troisième du nom, on le doit à *Smith*, et bien que postérieur aux deux autres, il n'en est pas moins le plus médiocre de tous. En voici la description :

Fleur blanc carné ; tube assez gros, long de 18 millimètres ; sépales horizontaux ; corolle moyenne, rouge carminé.

91. DIADÈME. (*Bank*, 1852). — Tige et rameaux flexueux, purpurins ; feuillage vert foncé, tombant ; fleurs rouge pourpré clair ; tube mince, long de 15 millimètres ; sépales totalement réfléchis, venant s'appuyer sur le tube et formant pour ainsi dire des sortes d'anneaux ; corolle bleu foncé ; quelquefois les fleurs sont doubles ; mais en ce cas, qui est assez rare, la duplicature est peu apparente.

Le port de cette variété est peu gracieux.

92. DIADEMIFLORA. (*Mayle*, 1850.) — Cet arbuste prend à merveille la forme buissonnante. Fleur blanc pur, gros, long de 22 à 25 millimètres ; sépales larges, ouverts, à pointes relevées ; corolle moyenne, à pétales obovales, carmin vermillon ; style très-allongé.

93. DIANA. (*Grégory*, 1850.) — Vers l'année 1845, l'Anglais Harrisson a produit une jolie variété sous ce nom : tube mince, blanc rosé, corolle rose lilacé. Elle a été complétement oubliée.

94. DOCTEUR BOISDUVAL. (*Duru*, 1857, Ville-d'Avray.) —

9.

Ce fuchsia a été mis au commerce au printemps 1857, par M. Burel, rue des Francs-Bourgeois, à Paris, en même temps que le *F. M. Desvallières*, figuré et décrit par l'*Horticulteur universel*.

Il a la fleur rouge pourpré ; tube gros, long de 18 à 20 millimètres : sépales horizontaux, plus allongés que le tube ; corolle très-ample ; les pétales mesurent 20 millimètres, campanuliforme. Variété très-florifère, rustique et tenant bien sa fleur.

95. **DOCTEUR GROSS.** (*Kendall,* 1850.)—Fleur blanc carné ; tube gros, long de 20 millimètres; sépales rosés, larges, horizontaux, à pointes réfléchies; corolle moyenne, vermillon carminé. C'est une variété à conserver.

96. **DOCTEUR LACROZE.** *(Narcis,* 1855.)— Fleur rouge carmin clair, d'une nuance analogue à celle du *Comte de Beaulieu;* tube assez fort, long de 15 à 20 millimètres ; sépales courts, larges, horizontaux ; corolle pourpre. Son coloris ne tranche pas assez sur celui du calice.

97. **DOCTEUR LINDLEY.** *(Bank,* 1853.)— Ce fuchsia est issu du *Corallina*. La fleur est rouge pourpré; tube un peu faible, long de 15 millimètres ; sépales larges, écartés, infléchis ; corolle moyenne, bleu violet foncé. Il ressemble à *Resplendens*, de Henderson, mais il lui est inférieur.

98. **DOCTEUR SMITH.** (*Smith,* 1849.) — C'est encore un des membres de la nombreuse descendance du *Corallina*. Comme nous avons déjà indiqué à quels caractères il est facile de les distinguer (*V.* au mot *Corallina*), pour éviter des répétitions inutiles nous les passerons dorénavant sous le silence.

Fleur rouge pourpré vif; tube court et mince; sépales larges, allongés, réfléchis; corolle ample, bleu violacé.

99. **DOCTEUR WIRTGEN.** *(Dender,* 1856.) — Feuillage grand, vert clair, ovale arrondi-aigu, de 8 centimètres sur 6.

Fleur rouge pourpré clair ; tube gros, long de 15 millimètres; sépales larges, horizontaux, verdâtres en dessus ; corolle violet pourpré vif.

100. **DOMINYANA.** *(Veitch,* Exeter, 1854, semis de Dominy.)

— Ce n'est point une espèce botanique, mais bien un hybride né de la fécondation du *Spectabilis* par le *Serratifolia multiflora*. Il a retenu du premier le port élancé et le beau feuillage, avec même plus d'ampleur. Quant à la fleur, elle semble venir des deux. La dédicace en a été faite au jardinier Dominy, son obtenteur.

Tige, rameaux, pétioles, pédicelles et nervures purpurins ; feuilles opposées, pétiolées, ovales allongées-acuminées ou ovales-arrondies, longues de 10 à 12 centimètres sur 4 à 6 centimètres ; d'un vert foncé, pubescentes en dessus, presque glabres en dessous, à dents écartées.

Fleur pourpre carmin foncé, à tube long de 45 à 50 millimètres, présentant une petite nodosité à la base, depuis le milieu jusqu'au sommet s'élargissant d'une manière sensible ; limbe divisé en 4 lobes oblongs étroits-aigus, un peu verruqueux, à pointes infléchies, d'une nuance pourpre verdâtre ; corolle à pétales ovales, d'une belle nuance ponceau ; étamines et style peu allongés.

C'est en automne ou au commencement de l'hiver que ce bel hybride donne ses fleurs. Il est peu florifère, et pour l'amener à une floraison parfaite, on doit suivre un traitement rationnel et spécial. Consulter à cet égard le t. x de la *Flore des serres*, p. 95, où se trouve, avec une splendide gravure, une excellente note de M. Van Houtte, comme tout ce qui sort de la plume de ce savant et habile horticulteur.

101. **DONA JOAQUINA**. (*Bank*, 1856.)—Feuillage vert clair, ovale-arrondi, à dents écartées ; fleur rouge pourpré clair ; pétioles longs de 35 millimètres ; tube de moyenne grosseur, court, de 10 millimètres ; lobes du calice larges, bien plus allongés que le tube ; corolle d'un violet bleuâtre tendre, comme les *F. Omega* et *Duc de Wellington* ; style et étamine exsertes, de couleur purpurine. C'est une jolie variété qui appartient au groupe signalé n° 3.

102. **DON JUAN**, Don Giovanni. (*Henderson*, 1850.)—Feuillage ample, à dents très-écartées et peu apparentes ; fleur

rouge pourpré vif; tube gros, long de 20 millimètres; sépales larges, réfléchis; corolle grande, rouge violacé; style rose purpurin, très-allongé.

Cette belle variété ressemble beaucoup à *Clapton héros*, mais elle a le tube plus court et la corolle plus ample; le coloris de son tube et des sépales est plus vif. Quant aux corolles des deux variétés, la nuance est semblable. Il faut de l'habitude et une certaine attention pour ne pas les confondre.

103. **DREADNOUGHT.** (*Proctor*, 1849.)—Fleur rouge pourpré; tube de 20 millimètres, gros; sépales larges, plus longs que le tube, horizontaux; corolle ample, rouge cramoisi. La *Monographie,* en 1851, citait cette variété comme belle.

104. **DUC DE CORNWALL.** (*Passingham*, 1846.) — Fleur vermillon rose tendre; tube gros, long de 20 millimètres; sépales larges, écartés; corolles vermillon brun. Variété médiocre.

105. **DUC DE WELLINGTON.** (*Stoke*, 1854.) Fleur rouge pourpré brillant; tube gros, court, arrondi; sépales larges, courts, réfléchis; corolle campanulée, violet bleuâtre, à larges pétales, quelquefois pédicellés, d'un charmant effet.

106 **DUCHESSE DE BORDEAUX.** (*Miellez*, 1859.) — Ce fuchsia se distingue par sa précocité; c'est lui qui le premier, au printemps, épanouit ses jolies fleurs roses vermillon tendre, à tube très-renflé, long de 20 millimètres; sépales larges, courts, écartés, à pointes infléchies; corolle moyenne, vermillon brun.

107. **DUCHESSE DE LANCASTER.** (*Henderson*, 1853.) — En nous donnant ce beau fuchsia et la *Gloire d'Angleterre*, qui lui est supérieur, les horticulteurs anglais ont singulièrement atténué la faute qu'ils avaient d'abord commise en nous livrant une foule de médiocrités qui n'ont vu que le jour.

La fleur de la *Duchesse de Lancaster* est blanc pur un peu verdâtre; tube long de 18 millimètres, gros et renflé dans sa partie médiane; sépales larges, totalement réfléchis, à pointes très-aiguës; corolle à pétales involutés, lilas violeté.

Variété d'une rare élégance; c'est une perfection du genre, qui ne le cède qu'à la *Gloire d'Angleterre*.

108. DUCHESSE DE SUTHERLAND. (*Gaine*, 1845.) — Quel est l'amateur de fuchsia qui n'a possédé cette élégante variété à fleur rose lilas tendre; tube de bonne grosseur; sépales très-ouverts; corolle d'une jolie nuance lilas violeté.

Aujourd'hui elle a cédé la place à d'autres variétés meilleures.

109. ÉCLIPSE. (*Miellez*, 1853.) — Feuillage large, vert clair, fleur rose carminé; tube un peu mince, long de 20 millimètres; sépales de moyenne grandeur, horizontaux; corolle rouge violacé. Variété médiocre.

110. ELEGANS. (*Turvill*, 1849.) — Fleur blanc nuancé de rose, à longs pédicelles; tube de 25 millimètres, de moyenne force; sépales plus allongés que le tube, horizontaux; corolle ample, rouge carminé. Les longues fleurs pendantes de cette variété, comme nous le disions, lui donnent un cachet d'élégance.

111. ELEGANS. (*Bank*, 1854.) — C'est la cinquième fois, tout compte fait, que cette dénomination est attribuée à un fuchsia. Celui-ci mérite-t-il mieux ce titre d'*Elégant* que ses autres congénères? Ce n'est pas notre avis; on va en juger par la description qui suit :

Tige, rameaux et nervures des feuilles purpurins; fleur rouge pourpré; tube mince et court; sa longueur n'est que de 10 millimètres; sépales réfléchis; corolle à longs pétales, bleu violacé très-foncé, passant au violet pourpré.

112. ELISABETH. (*Kendall*, 1849.) — Fleur blanc rosé; tube un peu mince, renflé dans sa partie antérieure; sépales larges, horizontaux; corolle moyenne, rouge carminé, contrastant bien avec celle du calice.

113. ELISE MIELLEZ. (*Miellez*, 1850.) — Variété florifère et distinguée; fleur rose tendre, veinée de carmin; tube long de 18 millimètres, de moyenne grosseur; corolle rouge carminé, à pétales plissés.

114. **ELISE.** (*Schüle*, 1855.) — Plante naine, buissonnante, à petit feuillage ; fleur blanc carné ou rose tendre ; tube très-mince, long de 20 millimètres, peu droit ; sépales écartés, à pointes infléchies ; corolle petite, rose carminé vif. Variété médiocre.

115. **EMMA.** (*De Jonghe,* 1850.) — Fleur rose vermillon vif ; tube très-renflé, long de 15 millimètres; sépales larges, horizontaux, vermillon à l'intérieur ; corolle rouge carminé ; onglets des pétales vermillon. Variété florifère, dans le genre de l'*Exquisita* de Fowley.

116. **EMPEREUR NAPOLÉON.** (*Bank,* 1856.) — V. *Illustration horticole,* vol. III, pl. 93, — et *Journal d'horticulture de Belgique,* vol. XIV, p. 161. — Fleur rouge pourpré-brillant ; tube court, long de 10 millimètres ; sépales très-larges, plus allongés que le tube, réfléchis ; corolle courte, bleu violacé vif, passant au pourpre.

Cette variété, d'un mérite incontestable, laisse cependant à désirer à raison du peu d'ampleur de sa corolle, et, par suite, elle cède le pas au *Prince Albert* et à l'*Admirable,* de Epss, qui font partie de la même descendance.

Sous le nom de *Napoleon the Third* (NAPOLÉON III), il existe une variété anglaise qui date de 2 ou 3 ans. Elle est à fleur d'un rouge foncé : quoique recommandable, ce fuchsia ne saurait être en aucune manière comparé avec celui de Bank.

117. **EMPRESS.** (V. *Impératrice.*)

118. **ENCHANTERESSE.** (*Mayle,* 1849.) — Fleur blanc carné ; tube long de 20 millimètres, de bonne force, sépales larges, étalés, à pointes réfléchies ; corolle moyenne, carmin.

119. **EPSII.** (*Epss, antérieur* à 1844.) — Fleur rouge carminé ; tube gros, long de 25 millimètres ; sépales larges, écartés, infléchis ; corolle moyenne, violacée.

C'est une des plus anciennes et meilleures variétés de l'époque. On la rencontre encore dans quelques collections.

120. ERNEST D'EVRY. (*Narcis*, 1856.) — Fleur blanc pur; tube gros, long de 30 millimètres ; sépales larges, écartés, à pointes infléchies ; corolle moyenne, rouge-vermillon carminé ; feuillage grand, vert jaunâtre, ovale-allongé. Cette belle variété a de l'analogie avec la *Princesse de Prusse*, mais son tube est mieux fait.

121. ESMERALDA. (*Dubus*, Lille, 1845.) — Fleur rose tendre, longue de 40 millimètres ; tube gros et court, sépales larges, horizontaux ; corolle lilas rosé.

C'est une variété qui, avec les *F. Napoléon* et *Scaramouche*, provient d'un semis de graines obtenues du croisement des *F. Epsii* et *Venus victrix*. Leur production est due aux soins intelligents de M. Stanislas Demouveaux, jardinier de M. Dubus, à Lille, et ils ont été cédés par celui-ci à M. Miellez, qui, en 1845, les a mis dans le commerce avec un succès mérité.

122. — ESTELLE D'EVRY. (*Narcis*, 1856.) — Feuillage petit, ovale arrondi, denticule, de 4 centimètres sur 3 centimètres ; pétioles rougeâtres ; fleur rose tendre ; tube de moyenne force, long de 12 millimètres ; sépales larges, à pointes réfléchies, d'un rose vif en dessous ; corolle lilas violacé tendre, de même longueur que le tube, à pétales involutés. Ce fuchsia semble être issu de la génération de *Venus victrix*, où l'on rencontre *Sydonie, Beauté de Smith, Thalie*, et, en dernier lieu, la charmante *Vénus de Médicis*. Il se distingue tant par la forme gracieuse de sa fleur, dont les proportions, toutefois, sont petites, que par la fraîcheur et la nouveauté de son coloris. Peu florifère.

123. ÉTOILE DU NORD. (*Baudinat*, 1855, Meaux.) — Fleur rouge pourpré brillant; tube de moyenne force, long de 15 millimètres; sépales larges, réfléchis corolle grande, violet pourpré vif. Variété de troisième ordre.

124. ETOILE DU NORD. (*Bank*, 1857.) — Voici la description incomplète que nous rencontrons dans les prospectus : Fleur écarlate brillant ; sépales très-réfléchis ; corolle violet noirâtre ?.

125. EUGÉNIE TURNER. (*Turner,* 1857.) — Nouveauté de 1857, de nous encore inconnue.

126. EULALIE. (*Salter,* 1847.) — Fleur rose tendre, longue de 45 millimètres; tube gros; sépales larges, bien ouverts; corolle lilacé. C'était dans son temps une belle variété.

127. EUTERPE. (*Bank,* 1854.) — Fleur blanc verdâtre; tube mince, long de 18 à 20 millimètres; sépales horizontaux, à pointes réfléchies; corolle d'une jolie nuance violette, pétales marginés de pourpre, plissés et tombants. Genre de *Charmer* et de *Sydonie.*

128. ÉVELINA. (*Salter.* 1847.) — Fleur rose lilacé tendre, mesurant dans son ensemble 40 millimètres; tube gros et court; sépales larges, écartés, à pointes infléchies; corolle lilas. C'était l'un des beaux gains obtenus en 1847 par M. Salter, de Versailles.

129. EXONIENSIS. (*Lucombe et Pince,* Exeter, 1843.) — Ce fuchsia était cité par tous les organes de la presse horticole comme l'un des plus remarquables du genre; il provient d'un semis de graines du *Cordifolia* fécondées par le *Globosa.* Ce bel hybride a été figuré dans l'ouvrage de Paxton, août 1843. Il a été nommé *Exoniensis,* du nom d'Exeter, sa ville natale.

La fleur est rouge pourpré vif; tube de bonne grosseur, long de 15 millimètres; lobes du calice deux fois plus allongés que le tube, à pointes réfléchies; corolle ample, bleu violacé.

130. EXPANSION (*Bank,* 1852.) — Feuillage grand, ovale arrondi, gaufré, d'un vert jaunâtre; fleur blanche; tube court, renflé, long de 15 millimètres; sépales ponctués de carmin, horizontaux; corolle moyenne, rose carminé, cramoisi au limbe des pétales. Variété de second ordre.

131. EXQUIS, exquisite. (*Fowley,* 1845. — Fleur rose vermillon, presque globuleuse; tube court et très-gros; sépales horizontaux; corolle rouge violacé, à pétales tombants.

Cette variété a été signalée dans notre premier supplément à la *Monographie,* n° 378, comme belle.

132. EXQUIS, exquisite. (*Henderson*, 1852.) — Cette variété diffère totalement de la précédente; elle provient du *Corallina*. Feuillage vert foncé, ovale lancéolé aigu; tiges et rameaux purpurins; fleur rouge pourpré vif; tube très-court: il mesure 10 millimètres; sépales larges, réfléchis; corolle bleu violacé, style très-allongé. Cette variété a de l'analogie avec le *Resplendens* du même producteur, mais elle est moins bien.

133. FAIREST OF THE FAIR. (*Voir* le n° 209, *La plus Belle des Belles*.

134. FANNY ESSLER. (*Miellez*, 1846.) — Fleur rose, veinée; tube gros, long de 20 millimètres; sépales courts, écartés; corolle petite, violet pâle. Cette variété est bien déchue; de belle qu'elle nous apparaissait il y a dix ans, elle n'est en réalité, aujourd'hui, que médiocre.

135. FANNY WEBLE. (*Baudinat*, 1855.) — Fleur blanc verdâtre; tube un peu mince, long de 18 millimètres, souvent coudé; sépales rosés, étroits, réfléchis, à pointes très-vertes; corolle à larges pétales, tombants, d'une jolie nuance violacée, bordés de carmin.

Le port de l'arbuste et l'ensemble de la fleur sont peu gracieux; c'est la conséquence de l'étroitesse des sépales et du feuillage, qui est fortement crispé et ondulé au limbe.

136. FANTOME. (*Story*, 1852.)—Fleur pourpre foncé; tube court; sépales larges, réfléchis; corolle ample, rouge violacé; quelques rudiments de pétales sont entremêlés aux larges pétales de la corolle. Ils ne sont pas assez apparents ni constants pour qu'on puisse ranger ce fuchsia au nombre des variétés à fleurs doubles. Il est, au surplus, d'un bel effet.

137. FAVORITE. (*Henderson*, 1855.) — Tige et rameaux purpurins; fleur pourpre brillant; tube mince, long de 15 millimètres; sépales larges, réfléchis; corolle bleu foncé, passant au violet pourpré; pétales involutés. Ce fuchsia ressemble à l'*Amiral Boxer*, qui lui est supérieur ; il fait partie du groupe signalé au n° 3.

138. **FÉLICITÉ.** (*Salter*, 1847. — Fleur rose violacé ; tube gros et court (il ne mesure que 12 millimètres); sépales larges, écartés, à pointes infléchies ; corolle violet pourpré. C'est encore une bonne variété, malgré ses dix ans d'existence.

139. **FIGARO.** (*Demouveaux*, 1855, Lille.) — Plante vigoureuse, à large et beau feuillage; fleur rose vermillon tendre ; tube court et très-renflé dans sa partie médiane, long de 12 à 15 millimètres ; sépales deux fois plus allongés que le tube, larges, horizontaux, à pointes très-aiguës ; corolle ample, vermillon carminé, d'une nuance plus vive au limbe des pétales ; ceux-ci sont canaliculés et souvent pédicellés. C'est une belle variété.

140. **FIORELLA.** (*Schüle*, 1854.) — Fleur rose vif, très-petite (sa longueur totale est de 20 millimètres); tube mince ; sépales réfléchis ; corolle bleuâtre, passant au violet.

C'est encore une des erreurs de M. Schüle. En mentionnant cette variété dans le dernier supplément, nous nous exprimions en ces termes :

« La publication d'une telle miniature est un pas rétrograde. C'est un retour aux espèces et variétés à petites fleurs, qui sont négligées depuis qu'au moyen de l'hybridation on est parvenu à obtenir de belles et grandes fleurs. Ce fuchsia, sans aucun doute, trouvera peu d'adhérents. Tout le monde a été de cet avis, et, de *Fiorella,* il n'est plus question.

141. **FLAVESCENS.** (*Miellez,* 1847.) — Fleur blanche un peu jaunâtre ; tube gros et court (il mesure 15 millimètres); sépales larges, écartés, presque horizontaux ; corolle vermillon nuancé de carmin; pétales tombants, de bonne dimension.

C'est toujours une jolie variété, florifère. Déjà, nous avons dit qu'un sujet livré à la pleine terre dans une serre tempérée, depuis six ans, est constamment couvert, pendant quatre à cinq mois de l'année, de plusieurs centaines de fleurs. Lors de la visite d'une commission de la Société d'Orléans, il fut compté, à la fin de juin dernier, de cinq à six cents fleurs.

142. **FLAVESCENS SUPERBA.** (*Miellez*, 1857, Lille.) — Fleur d'un blanc jaune verdâtre ; tube très-gros, long de 18 à 20 millimètres; sépales rosés, réfléchis ; corolle très-grande, carmin nuancé de vermillon , campanulée. Cette belle variété se fait remarquer par l'ampleur de ses pétales, qui mesurent 25 millimètres.

Le nouveau *Flavescens*, à raison de la force de son tube, jaune citron, de ses sépales rayés, gracieusement réfléchis et de l'ampleur de sa corolle, d'un beau rouge carminé, laissera, sans aucun doute, bien loin son aîné.

143. **FLEUR DE MARIE.** (*Dubus,* 1845.) — Cette variété se recommandait par la force de ses fleurs, d'un rose tendre ; tube tres-renflé ; sépales larges, cambrés, écartés ; corolle moyenne, rouge carmin.

144. **FLORENCE NIGHTINGALE.** (*Lucombe* et *Pince* , 1855.) -- C'est l'une des variétés à corolle blanche que l'Angleterre a produites récemment. Elles ont entre elles beaucoup de ressemblance ; celle-ci, notamment, ressemble à l'*Empress Eugenie*.

Fleur rouge pourpré clair ; tube mince, long de 15 à 18 millimètres ; sépales larges, réfléchis ; corolle blanche, de petite dimension ; pétales involutés, veinés de carmin dans leur partie antérieure (1).

145. **FORMOSA.** (*Dender*, 1855.) — Fleur rouge vermillon ; tube gros, long de 20 millimètres ; sépales un peu étroits, écartés, à pointes infléchies ; corolle violet carminé clair. Variété médiocre.

---

(1) La meilleure de ces variétés est sans contredit *Mistress Story*, et celle-ci a été depuis surpassée par le *F. Comtesse de Burlington.*

146. FRANCIS HETZELL. (*Hetzell*, 1852.) — Fleur rouge pourpré vif ; tube gros, long de 20 millimètres ; sépales écartés, plus allongés que le tube ; corolle ample, d'une nuance plus vive que le calice.

A plusieurs reprises, le sujet que nous possédons a produit une anomalie singulière : les étamines se sont transformées en pétales, en même temps que ceux de la corolle s'allongeaient ; de telle sorte que la fleur présentait un faisceau de lanières plus ou moins larges, se mariant avec les sépales, et formait ainsi une fleur double d'un aspect fort bizarre. A l'une des séances de la Société d'horticulture (3 septembre 1854), ce fait a été constaté.

147. FULGENS D'ARCK. (Variété du *Fulgens*, antérieure à 1844.) — Cette variation a conservé du type le port, le feuillage, l'inflorescence et la forme de la fleur. Il en diffère par la nuance de ses feuilles, auxquelles les nervures purpurines donnent une teinte violacée, et par le coloris plus vif de ses fleurs.

Fleur vermillon cramoisi, légèrement velue ; tube long de 50 millimètres, infundibuliforme ; sépales courts, triangulaires, à pointes vertes ; corolle petite, à pétales étalés, cordiformes, de la même couleur que le tube, nuancée de brun.

148. FULGENS PRÉSIDENT GOSSELIN. (*Dieuzy*. Versailles, 1855.) — Autre variation du *Fulgens*, plus florifère que le type. Fleur rouge vermillon éclatant ; tube long de 60 millimètres, mince dans le haut et se renflant progressivement jusqu'à la base ; sépales courts, écartés et tombants ; corolle petite, vermillon plus clair que le calice.

149. FULGENS SPLENDIDA. (Variété du *Fulgens* antérieure à 1844.) — De même que le *F. d'Arck*, son feuillage a les nervures purpurines, il est violacé et ses fleurs sont d'un coloris plus vif ; il diffère légèrement du *F. d'Arck* en ce que ses fleurs sont plus longues (elles mesurent 60 millimètres), d'une nuance un peu plus foncée ; les sépales sont moins larges, plus allongés, de la même couleur que le tube et non verdâtres ; la corolle est aussi tant soit peu plus grande (1).

150. GABRIEL DE VANDOEUVRE. (*Baudinat,* 1849.)—Variété issue du *Corallina.* Fleur rouge pourpré brillant ; tube gros et court, long de 12 millimètres ; sépales larges, cambrés, écartés, à pointes infléchies ; corolle de moyenne grandeur, violet pourpré, à pétales involutés.

151. GABRIELLE D'ESTRÉES. (*Miellez,* 1846.—*Racine,* 1850.) — Le premier en date a la fleur blanc carné, très-longue ; corolle pourpre. — Le second a la fleur rose tendre ; tube de 15 millimètres, gros ; sépales larges, peu ouverts ; corolle pourpre nuancé de vermillon. Variété florifère.

152. GAIETÉ, Gaiety. (*Bank,* 1852.) — Feuillage ovale-allongé, étroit, vert jaunâtre ; fleur blanche, légèrement rosée ; tube de bonne force, long de 15 millimètres ; sépales larges, tombants, à pointes réfléchies ; corolle ample, violet carminé, nuancé de pourpre au limbe des pétales. C'est une bonne variété, dont le coloris est semblable à celui de *Lady Franklin ;* celle-ci lui est supérieure.

153. GALANTIFLORA PLENA. (*Lucombe* et *Pince,* 1855, Exeter.) — C'est un arbrisseau grêle, effilé ; feuilles ovales-lancéolées-aiguës, nervures purpurines ; fleur rouge pourpré clair, à longs pétioles ; tube un peu mince, long de 12 millimètres ; lobes du calice larges, réfléchis ; corolle double, de 8 à 10 pétales, courts, à peine moitié de la longueur des lobes, manquant d'ampleur, d'un blanc un peu terne, veinés de carmin ; étamines coccinées, très-exsertes ; style d'une longueur presque double. Cette fleur n'a aucun rapport avec celle du Perce-Neige, *Galantus,* dont mal à propos elle porte le nom. L'*Illustration horticole,* année

---

(1) D'autres variétés de *Fulgens* ont été encore publiées, mais on n'en parle plus ; ce sont :

Fulgens arborea grandiflora, F. arborescens, F. corymbiflora et *F. longiflora.*

1857, en a donné une jolie gravure coloriée. Ce fuchsia nous a semblé être identique avec le *Ranunculæflora*. Ce sont d'ailleurs deux médiocrités à supprimer.

154. **GÉANT DE THIELT.** — Variété de 1847 à fleur rose vermillon ; tube très-long ; sépales larges, peu ouverts ; corolle moyenne, rouge vermillon pourpré. La *Monographie* indiquait cette variété comme étant belle. Son temps est fini.

155. **GÉDÉON.** (*Odier*, 1855.) — Feuillage vert clair, ovale-arrondi ; fleur pourpre foncé ; tube gros, long de 25 millimètres ; sépales larges, horizontaux, à pointes un peu réfléchies ; corolle moyenne, rouge pourpré clair. Ce fuchsia n'est que de second ordre ; il a de l'analogie avec le *Magnifique*, de Satter, mais son coloris est plus vif.

156. **GEM OF THE WHITEHILL.** (*Smith*, 1856.) — Voir *Perle de Whitehill*, n° 284.

157. **GÉNÉRAL CHANGARNIER.** (*Miellez*, 1850.) — Feuillage large, ovale-arrondi, vert clair ; fleur rose vermillon pâle ; tube de bonne grosseur, long de 18 à 20 millimètres ; sépales larges, plus allongés que le tube, horizontaux, à pointes infléchies ; corolle petite, vermillon carminé (1).

158. **GÉNÉRAL CHARTIER.** (*Baudry*, 1857.)—Nouveauté de M. J. Baudry, dont cet horticulteur ne donne aucune description, et qui ne nous est pas encore connue.

159. **GÉNÉRAL DUFOUR.** (*Pittet*, 1854.) — Plante buissonnante. Fleur vermillon-rosé tendre ; tube gros, court, arrondi ; sépales larges, horizontaux, à pointes réfléchies ; corolle moyenne, vermillon carminé. Variété florifère, de troisième ordre.

160. **GÉNÉRAL NÉGRIER.** (*Miellez*, 1849.) — Fleur rouge pourpré brillant ; tube mince, renflé au milieu, long de 15 millimètres ; sépales larges, horizontaux ; corolle bleu violet foncé.

---

(1) GÉNÉRAL DRACFF. (*Narciss*, 1853.) — Variété médiocre.

161. GÉNÉRAL OUDINOT. (*Miellez*, 1850.) — Fleur rose vif nuancé de blanc ; tube de moyenne grosseur, long de 20 millimètres ; sépales larges, horizontaux, à pointes infléchies, carmin intérieurement ; corolle ample, vermillon brun. Les grandes et belles fleurs de cette variété produisent de l'effet.

162. GÉNÉRAL WILLIAMS. (*Smith*, 1856.) — Fleur rouge pourpré clair ; tube mince, long de 12 millimètres ; sépales larges, oblongs-aigus, réfléchis ; corolle moyenne, campanulée, d'un violet clair, à pétales obronds, veinés de pourpre dans la partie antérieure ; feuilles d'un vert foncé, ovales-allongées-aiguës, de 55 sur 30 millimètres ; tige rameuse ; pétioles et nervures rougeâtres. C'est une très-bonne variété qui fait partie du groupe signalé au n° 3.

163. GEORGINA. (*Demay*, Arras, 1854.) — Cette variété a le mérite d'être précoce et florifère. Fleur blanc de cire ; tube très-gros ; sépales un peu lilacés ; corolle bien ouverte, violet bleuâtre nuancé de lilas ; les couleurs du calice et de la corolle contrastent parfaitement entre elles. C'est une variété parfaite sous tous les rapports ?. (Note communiquée.)

164. GIGANTEA. (*Smith, Dalston,* 1843.) — Le succès de ce fuchsia a été complet et de longue durée ; c'était justice.

Fleur rouge pourpré brillant, longue en totalité de 60 millimètres ; tube gros ; sépales larges, relevés ; corolle ample, rouge violacé.

165. GLOBOSA ALBA GRANDIFLORA. (*Kendall*, 1850.) — Fleur blanc rosé, quelquefois ponctuée ou maculée de carmin ; tube mince, long de 25 millimètres ; sépales larges, courts, peu ouverts ; corolle moyenne, à pétales plissés et tombants, rouge carminé. Variété élégante et d'un port gracieux.

166. GLOBOSA PERFECTA. (*Bank,* 1852.) — Le feuillage est grand, ovale-arrondi, gaufré ; fleur rouge pourpré très-intense ; tube mince, presque nul ; sépales larges, écartés, cambrés, à pointes infléchies ; corolle ample, violet pourpré vif. Avant l'épanouissement de la fleur, les sépales, par leur réunion, forment un énorme bouton, où réside le seul mérite de cette variété : car, après être épanouie, la fleur est très-ordinaire (1).

167. GLOBOSA PLENISSIMA. (*Coene.* Belgique, 1856. Semis *Gendbrugge.*) — Fleur rouge pourpré vif, à tube court, presque nul, arrondi ; sépales larges, horizontaux, à pointes réfléchies ; corolle double, pourpre violacé. La duplicature en est extrêmement compacte.

Cette variété, obtenue de semis par M. Gendbrugge (Belgique), a été cédée à M. Van Houtte, qui en a publié une gravure dans la *Flore des serres*, tome I, 2ᵉ série, 11ᵉ livraison (2).

168. GLOBOSA ROSEA. — L'origine de cette ancienne variété n'est pas connue. Feuillage moyen, vert jaunâtre ; fleur rose ; tube mince et court, globuleux ; sépales larges, ouverts, infléchis ; corolle de petite dimension, violet bleuâtre.

169. GLOBOSA SMITHII. — Variété antérieure à 1844, affectant le même port que celui de son type. Le feuillage est un peu plus grand que celui du *Globosa*. Fleur rouge pourpré brillant ; tube faible, presque nul ; sépales larges, écartés, infléchis, longs de 20 millimètres ; corolle petite, violet bleuâtre.

170. GLOBOSA STORMONTI. (*Provenance inconnue.*) — Habitude élevée. Tige, rameaux et nervures de couleur purpurine ; fleur rouge pourpré brillant (elle est comme vernissée), globuleuse dans le genre de celles du *Gl. Smithii*, mais d'un volume double ; sépales larges, écartés, infléchis ; corolle moyenne, rouge violacé (3).

---

(1) Le GLORIEUX (*Courcelles,* 1852) est une variété insignifiante.

(2) Dans la série des fuchsias à fleurs doubles on possède de meilleures variétés, telles que : *Coronata, Violaflora, Star,* etc.

(3) Il a paru encore bien d'autres *Globosa,* qui, à défaut de mérite, ont été proscrits des collections, tels que : *Gl. coccinea, Gl. dealbata, Gl. magna, Gl. longiflora, Gl. magnifica* (Kimberley, 1851), etc., etc.

171. **GLOIRE.** Glory. (*Bank*, 1853.) — Cette sous-variété du *Corallina* a le port élevé ; tige, rameaux et nervures des feuilles purpurins ; fleur rouge pourpré clair ; tube court et mince, long de 10 millimètres ; sépales larges, réfléchis ; corolle moyenne, bleu foncé, à pétales involutés.

Ce joli fuchsia, dont le tube est trop faible, a été dépassé par plusieurs autres variétés du même genre, notamment par le *Prince Albert* et l'*Admirable* de Epss.

172. **GLOIRE D'ANGLETERRE.** England Glory. (*Harrisson*, 1853.) — Feuillage grand, ovale-acuminé ou arrondi, très-denté, vert clair ; fleur blanche ; tube gros, long de 20 millimètres ; sépales larges, entièrement réfléchis ; corolle ample, campanulée, rouge carminé, à pétales obovales.

Il y a deux ans, nous disions que cette variété, à notre sens, était la plus belle connue jusqu'à ce jour et que même elle l'emportait sur la *Duchesse de Lancaster* et l'*Empress* (Impératrice), de Bank, ses dignes rivales. Aujourd'hui, il n'existe aucun motif pour modifier cette opinion.

173. **GLOIRE DE BELLEVUE.** (*Duval*, 1857, Paris.) — Cette belle variété a le feuillage grand, ovale, de 7 à 8 centimètres sur 5. Sa fleur blanche a le tube de bonne grosseur et long de 22 millimètres ; sépales rosés, horizontaux, à pointes verdâtres, un peu relevées ; corolle vermillon pourpré, assez ample. Elle a quelque ressemblance avec *Jules Bazille*, *Belle Rosamonde* et *Prince Arthur*.

174. **GLOIRE DE NEISSE.** (*Rother* et *Gottlobb*, 1856.)—Cette variété est une provenance de l'Allemagne dont la mise en vente date du printemps 1856. La gravure qui en a été donnée est peu exacte, tant sous le rapport de la forme que du coloris, et elle a pu faire croire à un mérite tout à fait supérieur de ce fuchsia.

La fleur est blanc rosé et non d'un blanc pur ; tube de moyenne grosseur, long de 25 millimètres ; sépales larges, horizontaux, à pointes vertes ; corolle à pétales ovales-allongés, manquant d'ampleur, plissés, pendants, rubanés ou striés de blanc sur un fond lilas rosé et non vermillon.

Ce fuchsia, dont le coloris est pâle et la forme de la corolle peu gracieuse, n'est donc pas une perfection ; cependant il est appelé à tenir un rang convenable dans une collection.

175. **GLOIRE DE RUSSELHEIM.** (*Koch,* 1857.) — Fleur rose tendre ; tube long de 20 millimètres, très-mince, garni de petits poils très-courts ; sépales horizontaux, d'un rose plus pâle vers le milieu, pointes jaunâtres ; corolle à pétales plissés, d'un rose-vermillon, ombré de violet clair, panaché de blanc. Troisième ordre.

176. **GLORIOSA SUPERBA.** (*Story,* 1856) — Cette variété fait partie de la descendance du *Corallina.* Sa fleur est rouge pourpré vif ; tube mince, long de 15 millimètres ; sépales très-allongés (ils mesurent 40 millimètres sur 6 millimètres de largeur), réfléchis ; corolle de bonne grandeur, bleu violacé, passant au pourpre ; pétales involutés, finement dentés au limbe.

La fleur de ce fuchsia est d'une forme élégante et gracieuse, et, si le tube n'était pas trop mince, elle pourrait être mise au rang des variétés de premier ordre.

177. **GRAND-MAITRE.** Grand Master. (*Henderson*, 1850.) — Fleur rouge pourpré ; tube mince, long de 18 millimètres ; sépales étroits, allongés, horizontaux, à pointes infléchies ; corolle grande, d'un beau violet. Cette variété ressemble à *Don Juan*, auquel elle est inférieure ; son coloris est plus clair et le calice plus mince. Médiocre.

178. **GRANDE-BRETAGNE.** Great Britain. (*Dyckson*, 1846.)- Ce fuchsia était réputé pour donner alors les plus grosses fleurs, et, à ce titre, il était considéré comme une très-belle variété. Il n'en reste plus aujourd'hui que le souvenir. Fleur rouge pourpré clair, longue en totalité de 60 millimètres ; tube très-fort ; sépales larges, bien ouverts ; corolle ample, pourpre violacé.

179. **GRANDIDISSIMA.** (*Batten,* 1854.) — Fleur blanc rosé ; tube gros, long de 15 millimètres ; sépales étroits, très-al-

longés, rose violacé, écartés, se tenant presque horizontalement ; corolle vermillon brun. Troisième ordre.

180. GRANDIFLORA. (*Lusson*, 1855.) — Si l'excessive longueur du tube calicinal constituait à lui seul le mérite d'un
fuchsia, celui-ci serait hors ligne ; mais, comme il faut que
toutes les parties d'une fleur soient en harmonie pour qu'on
puisse la réputer parfaite, celle-ci laisse singulièrement à
désirer. En effet, le tube du calice est trop mince à raison
de sa longueur, et sa nuance ne diffère pas assez de celle de
la corolle. Toutefois, si ce n'est pas une perfection, du moins
c'est une variété qui par ses longues et grandes fleurs produit de l'effet.

Fleur rouge carminé ; tube mince, long de 30 millimètres ;
sépales découpés en lanières irrégulières, dépassant en longueur celles du tube, à pointes infléchies ; corolle ample,
pourpre foncé.

181. GRANDIS. (*Turner*, 1853.) — Variété issue du *Corallina*. Fleur rouge pourpré vif ; tube de moyenne force, long
de 15 millimètres ; sépales larges, plus allongés que le tube,
horizontaux, à pointes réfléchies ; corolle bleu foncé,
double.

Bien que ce fuchsia soit inconstant à produire des fleurs
doubles, il n'en est pas moins une jolie variété, digne de figurer auprès de l'*Hendersoni*.

182. GRAND SULTAN. (*Bank*, 1855.) — Tige et rameaux
purpurins ; feuillage vert foncé, ovale-allongé ; fleur rouge
cramoisi pourpré ; tube de moyenne grosseur, long de
12 millimètres ; sépales très-larges, totalement réfléchis, dépassant en longueur le tube ; corolle bleu violet foncé, à pé-
pétales involutés, peu amples.

Ce fuchsia fait partie de la descendance du *Corallina*, signalée au n° 3.

183. HÉBÉ ou **ALBA REFLEXA.** (*Mayle*, 1850.) — Fleur blanc
pur ; tube renflé, long de 20 millimètres ; sépales rosés, horizontaux ; corolle ample, rose carminé bordé de carmin.
Belle variété.

Sous le nom de *Hébé*, il avait déjà paru trois variétés : l'une à fleur rouge, de Standish ; l'autre à fleur rose, de Harrisson, et la troisième à fleur blanc carné, de Bell (1846), dont on peut s'abstenir de parler.

184. **HÉLÈNE.** (*Crips*, 1849.) — Fleur blanc verdâtre un peu rosé ; tube gros ; sépales réfléchis ; corolle moyenne, rouge carmin vif.

185. **HÉLOISE BERNIEAU.** (*Léon Bernieau*, Orléans, 1855.) — Fleur blanc verdâtre teinté de rose ; tube de moyenne grosseur, long de 20 millimètres ; sépales larges, écartés, infléchis ; corolle moyenne, violet carminé. Ce fuchsia offre un certain rapprochement avec *Mars* (Tait), dans des proportions moins grandes ; il est florifère.

186. **HENDERSONI.** (*Henderson*, 1852.) — Cet arbuste a le port élancé, un peu grêle ; rameaux flexueux ; feuilles vert foncé, moyennes, ovales-allongées-denticulées, à nervures purpurines. — Sous-variété du *Corallina*.

Fleur rouge pourpré éclatant ; tube long de 10 millimètres, peu renflé ; sépales ovales-allongés-aigus, longs de 25 millimètres, réfléchis ; corolle double bleu-violet foncé, passant au pourpre-brun ; elle se compose de grands pétales pendants et de petits pétales involutés, qui se recourbent gracieusement sur les sépales calicinaux.

Cette variété, qui était la plus belle de celles à fleurs doubles parues jusqu'en 1855, a été surpassée par le *Violæflora* et par le *Coronata*. Pour l'empêcher de s'emporter, il est nécessaire de la soumettre au pincement à plusieurs reprises.

187. **HENRI CHAUVIÈRE.** (*Narcis*, 1855.) — Fleur vermillon clair ; tube long de 25 millimètres ; sépales étroits, infléchis, dépassant en longueur celle du tube (ils mesurent 45 millimètres) ; corolle très-ample, vermillon foncé. Variété d'un aspect quelque peu étrange (1).

---

(1) **HENGIST** (*Salter*, 1852) et **HYLAS** (*Kégu*, 1852) ne méritent pas qu'on en donne la description.

188. HIPPOLYTE DE PERTHUIS. (*Narcis*, 1857.)— Nouveauté de l'année que nous ne connaissons pas encore.

189. IGNEA. (*Veitch*, 1850.)—Variation du *Corallina*. Fleur rouge pourpré brillant ; tube peu renflé, court, long de 12 millimètres ; sépales larges, écartés, à pointes infléchies ; corolle bleu violacé très-intense ; pétales involutés.

Cette variété se recommandait par un brillant coloris, mais la tenue de sa fleur laissait beaucoup à désirer, et depuis on a obtenu mieux et des plantes beaucoup plus florifères.

190. IMPÉRATRICE. Empress. (*Bank*, 1852.) — Feuillage grand, ovale-allongé, vert clair ; fleur blanc rosé ; tube gros, long de 15 millimètres ; sépales larges, réfléchis ; corolle campanulée, d'une bonne dimension, rose vif carminé, bordée de cramoisi.

Cette variété est une digne rivale de la *Duchesse de Lancaster*.

191. IMPÉRATRICE EUGÉNIE. (*Dubus*, 1855.) — Feuilles d'un vert jaunâtre, grandes, ovales-aiguës ; fleur blanc un peu verdâtre ; tube de grosseur ordinaire, long de 20 millimètres ; sépales larges, horizontaux, à pointes réfléchies ; corolle rose lilacé tendre, veinée ou rubanée de blanc.

Cet accident ne se reproduit pas d'une manière constante, surtout lors de la première floraison, et les panachures ne sont pas toujours très-apparentes. C'est toutefois une élégante variété.

192. IMPÉRATRICE EUGÉNIE. Empress Eugenie. (*Story*, 1855.) — C'est l'une des six variétés anglaises à corolle blanche parues en 1855. Elles sont presque identiques. La meilleure est celle dédiée à *mistress Story*. Toutes pèchent par le peu d'ampleur de leur corolle.

Fleur rouge pourpré clair ; tube de moyenne grosseur, long de 10 à 12 millimètres ; sépales larges plus allongés que le tube, horizontaux ; corolle petite, blanche, à pétales marqués de stries violacées dans leur partie antérieure, ce qui donne à la corolle une teinte légèrement carnée. Les pétales sont aussi trop involutés et resserrent trop les étamines.

193. **IMPERIALIS FLORE PLENO.** *(Demoureaux.)* — La corolle de cette variété est très-double, et cependant elle s'ouvre, dit-on, gracieusement comme une belle rose et reste étalée jusqu'à la fin de sa floraison. C'est la plus multiflore de toutes les fuchsies, en même temps qu'elle en est la plus vigoureuse. Le joli dessin colorié donné par M. Miellez, de Lille, par qui elle a été mise en vente au printemps 1857, indique assez que cette nouveauté est très-méritante et qu'elle sera fort recherchée des amateurs. Fleur rouge pourpré ; corolle très-double, d'un violet foncé, maculé de rouge pourpré.

194. **INACCESSIBLE.** *(Narcis, 1855.)* — Fleur pourpre ; tube presque nul, de moyenne grosseur ; sépales larges, ouverts, à pointes infléchies ; corolle ample, violet pourpré. Troisième ordre (1).

195. **INCOMPARABLE.** *(Baudinat, 1857, Meaux.)* — Feuillage ovale, de 60 sur 40 millimètres, d'un vert foncé ; fleur rouge pourpré ; tube mince, long de 20 millimètres ; sépales larges, de 30 millimètres de longueur, horizontaux ; corolle pourpre violacé, double, se composant de pétales inégaux, tombants, au lieu d'être involutés, de moyenne grandeur. L'ensemble de cette fleur est loin de lui mériter le titre pompeux qu'on lui a donné.

196. **INFANT D'ESPAGNE.** Spanish Infant. *(Gaine, 1849.)* — Fleur rose tendre vermillon, longue dans son ensemble de 50 millimètres ; tube gros ; sépales larges, infléchis : corolle ample, rouge-vermillon pourpré. Ce fuchsia, autrefois, n'était pas sans mérite.

197. **INVINCIBLE.** *(Rendatler, 1857, Nancy.)* — La seule in-

---

(1) Passons sous le silence quelques médiocrités, à savoir : *Incomparable* (Mayle, 1853) ; *Incrustata* (Miellez, 1852) ; *Iphigénie* (1854) ; *Inaccessible* Kimberley (1850).

dication que nous ayons sur ce fuchsia est que la fleur, d'un rouge vif, est très-grosse.

198. **JEANNE D'ARC.** (*Bank*, 1852.)—Feuillage grand, ovale-arrondi, fortement denté; fleur blanc carné; tube gros, court, il mesure 15 millimètres; sépales larges, horizontaux; corolle moyenne, rouge carminé; pétales réniformes (plus larges que hauts). De second ordre.

199. **JENNY LIND.** (*Tiley*, 1849.) — Fleur rose vermillon tendre, longue dans son ensemble de 45 millimètres; tube gros; sépales larges et très-courts; corolle ample, vermillon pourpré. Cette variété était notée comme belle.

200. **JÉROME.** (*Crousse*, Nancy.) — La fleur est d'une grosseur remarquable, rosé violacé clair; tube court, très-fort, long de 15 millimètres, rayé longitudinalement : sépales très-larges, un peu plus allongés que le tube, presque horizontaux, à pointes vertes; corolle violet carminé, moyenne, campanuliforme. C'est une belle variété, qui s'épuise facilement et pousse avec peu de vigueur, comme *Alfred*, de Salter.

201. **JOSEPH BAUDRY.** (*Baudry*, *Avranches*, 1856.) — Arbuste vigoureux; feuillage vert foncé, ovale-allongé-acuminé, de 60 sur 40 millimètres, denticulé; fleur rouge pourpré brillant; tube court, long de 15 millimètres; sépales larges et infléchis; corolle très-double, bleu violacé très-foncé, passant au violet pourpré; pétales ondulés et plissés, formant par leur réunion un petit corps globuleux dans le genre d'une violette double. Cette variété nous semble presque identique avec le *Violæflora*. (*Voir* ce mot.)

202. **JULES BAZILLE.** (*Narcis*, 1855.) — Fleur d'un blanc verdâtre; tube long de 20 millimètres, de bonne grosseur; sépales larges, horizontaux; corolle ample; pétales pendants, rouge carminé, nuancés au limbe de pourpre. Belle variété.

203. **KOSSUTH.** (*Smith*, 1850.) — C'est une sous-variété du *Corallina*, à grandes fleurs rouge pourpré et corolle violet carminé, dans le genre de *Don Juan*, de *Clapton-Héros*, de

Orion, de *Grand-Maître*, variétés qui lui sont bien supérieures.

Fleur rouge pourpré clair; tube court, mince; sépales larges, bien ouverts, à pointes aiguës; corolle moyenne, rouge violacé; style très-allongé.

201. **LA DAME DU LAC.** Lady of the Lake. (*Story*, 1855.) — Tige et rameaux purpurins, port élancé, grêle; feuillage vert foncé, moyen, ovale-allongé; fleur rouge pourpré vif; tube de grosseur ordinaire, long de 12 millimètres; sépales larges, allongés, horizontaux; corolle moyenne; pétales involutés, d'un blanc moins pur que les autres variétés à fleurs blanches, striés de violet carminé. (*Voir* une observation générale sur les variétés anglaises à fleurs blanches, consignée au n° 194.)

205. **LADY CAWENDISH**. (*Bank*, 1853). — Feuillage vert jaunâtre, moyen, ovale lancéolé-aigu, fortement denté; fleur rose lilacé tendre; tube gros, long de 18 millimètres; sépales larges, étalés, à pointes relevées; corolle ample, d'une belle nuance violette, pourpre au limbe des pétales. Variété de premier ordre.

206. **LADY DARMOUTH**. (*Mayle*, 1852). — Feuillage large, ovale, d'un vert pâle; fleur blanc verdâtre; tube de moyenne force, long de 25 millimètres, coudé; sépales un peu rosés, écartés, à pointes infléchies; corolle rouge violacé; pétales involutés. Belle variété de deuxième ordre. Ressemble pour son coloris à *Cristal*, mais son tube est plus fort et sa corolle moins allongée.

207. **LADY FRANKLIN**. (*Smith*, 1853.) — Feuillage grand, ovale-allongé, vert clair, fleur blanc pur; tube gros, long de 22 à 25 millimètres; sépales larges, horizontaux, à pointes aiguës, relevées; corolle à larges pétales d'une jolie nuance violette, bordées au limbe de carmin. Belle variété (1).

---

(1) Des nombreuses variétés dédiées à des *ladies*, nous citerons seulement les suivantes, presque totalement oubliées : *Lady Julia* et *Lady Maria* (Epss), et *Lady William Powlet de Tiley*.

208. LA JEUNE FILLE DE KENT, Maïd of the Kent. (*Bank*, 1855.) — Fleur blanc de cire ; tube court, renflé dans le haut, de moyenne force, long de 15 millimètres, sépales un peu rosés, larges, horizontaux, à pointes réfléchies. Corolle ample, d'un beau violet, à pétales involutés, nuancés de carmin au limbe.

Cette variéte, bien que moyenne dans ses proportions, se distingue par une forme élégante et la fraîcheur de son coloris. Genre de *Thalie*, mais à fleurs plus grosses.

209. LA PLUS BELLE DES BELLES. Fairest of the fair. (*Bank*, 1857.) — La fleur est blanc verdâtre ; tube gros et court, long de 12 millimètres ; sépales larges, à pointes réfléchies ; corolle violet carminé, campanuliforme.

Cette variété n'est pas sans mérite et fait partie du groupe de *Thalia*, la *Jeune Fille de Kent* et autres.

210 LA REINE, Queen, (*Turvill*, 1851.) — Fleur vermillon rosé tendre ; tube très-gros, renflé dans le haut, long de 25 millimètres ; sépales larges, plus allongés que le tube, écartés, à pointes très-aiguës, infléchies. Corolle très-grande, campanulée, vermillon carminé foncé. Belle variété.

211. LÉON LE GUAY. (*Miellez*, 1851.) — Fleur rouge pourpré vif ; grande (elle mesure dans son ensemble 50 millimètres) ; tube gros ; sépales larges, écartés ; corolle de la même nuance que le calice, mais plus foncée ; pétales de forme irrégulière, souvent pédicellés.

Ce fuchsia est trop unicolore. Il ressemble à *F. Hetzell*.

212. LE PRÉSIDENT. (*Youell*, 1850.) — Cette variété anglaise, à raison du succès qu'elle a justement obtenu et qui a eu quelque durée, ne saurait être omise dans la Monographie.

Fleur rose vif, mesurant dans sa longueur totale 50 millimètres ; tube gros ; sépales larges, cambrés, étalés, d'une nuance plus pâle. Corolle ample, rouge violacé.

213. L'ESPÉRANCE. (*Demouveaux*, 1856.) — Feuillage vert foncé, ovale-aigu, denticulé, de 50 sur 35 millimètres ; rameaux, pétioles et nervures rougeâtres ; fleur rose tendre lilacé ; tube mince, court, long de 10 millimètres ; sépales larges, réfléchis, d'une longueur double de celle du tube ; corolle violet foncé, nuancé de carmin ; elle contraste heureusement avec le coloris du calice. Variété dans le genre de *Sydonie*, de *Thalie*, etc.

214. **LEUCANTHA.** (*Wright*, 1846.) — Fleur blanc verdâtre, quelquefois prenant une teinte rosée ; tube gros, long de 15 millimètres ; sépales larges, écartés, infléchis, plus allongés que le tube ; corolle petite, rouge carminé.

Une gravure exacte de cette variété a été donnée par le *Portefeuille des Horticulteurs*, t. 1, p. 69.

215. **LEVERRIER.** (*Salter*, 1846.) C'est encore une des bonnes variétés produites par M. Salter, alors qu'il habitait Versailles. Elle est restée longtemps dans les collections et on l'y rencontrait encore tout récemment.

Fleur rose carminé ; tube de bonne force, long de 25 millimètres ; sépales larges, écartés, à pointes infléchies ; corolle vermillon–carminé.

216. **LINA DE MAYENCE.** (*Koch*, 1857. — La fleur est blanche, nuancée de rose carminé ; tube mince, long de 15 millimètres ; sépales étroits, plus longs que le tube, horizontaux, à pointes vertes ; corolle rouge carminé, de moyenne grandeur. Cette variété est issue du *F. Souvenir de la Reine*, et, de même, elle est médiocre.

217. **LITTLE BALLANTYNE.** (*X*. 1854.) — Fleur rose verdâtre ; tube assez gros, long de 20 millimètres ; sépales courts, horizontaux ; corolle moyenne, carmin. Deuxième ordre.

218. **LITTLE BO PEEP.** (*Bank*, 1857.) — Le seul renseignement que nous avons sur cette nouveauté anglaise, c'est que la fleur serait écarlate, la corolle violette et campanulée.

219. **LONGIPÈS.** (*Miellez*, 1850.) — Sous ce nom a paru un fuchsia bizarre de forme et disgracieux : aussi son existence a-t-elle été de courte durée.

Fleur rose vermillon pâle ; tube mince, long de 35 millimètres ; sépales étalés, cambrés, à pointes infléchies ; corolle violet pâle, bordée de carmin ; pétales longuement pédicellés.

220. LORELEY. (*Erben*, 1857.) — Fleur blanche, à sépales réfléchis ; corolle rouge-vermillon. Tels sont les seuls renseignements que donnent les catalogues allemands sur cette variété, dont le mérite ne nous est pas connu.

221. LORD CLARENDON. (*X.*, 1854.) — Fleur rouge pourpré brillant ; tube de grosseur moyenne, long de 10 millimètres ; sépales larges, trois fois plus longs que le tube, entièrement réfléchis ; corolle bleu foncé, passant au violet pourpré.

222. LORD DES ISLES. (*Henderson*, 1852. — Feuillage large ; fleur rouge pourpré vif ; tube gros, long de 15 millimètres ; sépales larges, infléchis ; corolle ample, violet carminé foncé. Variété de deuxième ordre.

223. LORD NELSON. (*Smith*, 1849.) — Arbuste de moyenne taille, peu branchu ; feuilles grandes, ovales-allongées, de 9 à 10 sur 5 centimètres ; fleur rouge carminé ; tube gros, long de 20 millimètres ; sépales très-larges, horizontaux, à pointes très-aiguës, réfléchies, d'une nuance plus vive que le tube ; corolle pourpre foncé, à pétales pendants. Belle variété peu florifère.

224. LOUISE LELANDAIS. (*Miellez*, 1852.) — Fleur rose vermillon, longue dans sa totalité de 40 millimètres ; tube assez gros ; segments larges, infléchis, de la même couleur que le calice, mais d'une nuance plus intense. Variété de deuxième ordre.

225. LOUISE MÉZARD. (*Mézard*. Puteaux, 1857.) — Le tube de la fleur est blanc et la corolle carmin tendre. C'est tout ce que nous pouvons en ce moment dire de cette nouveauté.

226. LOUIS WEINRICH. (*Koch*, 1857.) — La fleur est d'un blanc un peu jaunâtre ; tube assez fort ; sépales rosés, larges, écartés, à pointes infléchies ; corolle de bonne grandeur, carmin-vermillon. Belle variété.

227. MACBETH. (*Bank*, 1854.) — Fleur rouge pourpré vif ; tube de force ordinaire, long de 15 millimètres ; sépales larges, totalement réfléchis ; corolle à larges pétales, d'un bleu violacé, nuancés et veinés de pourpre aux onglets. Jolie variété.

228. MADAME AD. KOCH. (*Koch*, 1857.) — La fleur de cette variété est d'un blanc rosé, à tube arqué, long de 30 millimètres, de grosseur moyenne ; sépales un peu plus allongés que le tube, étroits à raison de leur longueur, horizontaux ; corolle très-ample, rouge-carmin pourpré. La fleur sur laquelle a été faite la description ci-dessus avait sa corolle unicolore et n'offrait aucune trace de panachures ; ceci tient sans doute à l'inconstance de la floraison des variétés de ce genre.

229. **MADAME ERNEST ANDRÉ.** (*Burel,* Paris, 1854.)—Cette jolie variété a la fleur blanc rosé ; tube long de 15 millimètres, de bonne grosseur ; sépales larges, relevés ; corolle moyenne, campanulée, vermillon carminé brillant.

230. **MADAME AUBERGÉ.** (*Narcis,* 1853.) — Feuillage ovale allongé-aigu, de 7 centimètres sur 3, d'un vert jaunâtre ; fleur rose tendre ; tube gros, long de 20 millimètres ; sépales très-larges, horizontaux ; corolle grande, vermillon carminé, à pétales tombants. Très-belle variété, d'un grand effet.

231 **MADAME BERRYER.** (*Baudry,* 1857.) — Cette variété, dont la mise en vente était annoncée par son obtenteur pour le printemps 1857, n'est pas décrite dans son Catalogue.

232. **MADAME DURU.** (*Duru,* Paris, 1854.) — Fleur rose lilacé ; tube de bonne grosseur, long de 22 millimètres ; sépales larges, écartés, bien ouverts, à pointes infléchies ; corolle lilas rosé, de petite dimension. Cette variété se recommande par la fraîcheur de son coloris, mais sa corolle n'est pas assez grande.

233. **MADAME DE MAGNITOT.** (*Narcis,* 1853.) — Feuilles ovales-arrondies, pubescentes, d'un vert clair ; fleur blanche ; tube moyen, long de 15 millimètres, renflé dans sa base ; sépales de bonne largeur, infléchis ; corolle vermillon éclatant ; pétales plissés et tombants, nuancés de blanc vers l'onglet.

Belle variété, florifère ; elle se prête bien à la forme pyramidale.

234. **MADAME VAUCHER (EDME).** (*Narcis,* 1853.)—Large et beau feuillage, ovale-lancéolé, vert pâle ; fleur rose tendre ; tube de moyenne force, long de 22 millimètres ; sépales

larges, écartés, à pointes infléchies; corolle vermillon carminé. Bonne variété.

235. MADEMOISELLE OCTAVIE. (*Lemoine*, Nancy, 1854.) — Fleur rouge carminé clair, même coloris que le *F. Président Porcher*; tube gros et court (il mesure 15 millimètres); sépales horizontaux; corolle rouge violacé foncé, de moyenne grandeur, à pétales plissés. Deuxième ordre.

236. MAGNIFICA. (*Bank*, 1854.) — Fleur rouge pourpré clair; tube de moyenne force, long de 10 millimètres; sépales larges, plus longs que le tube, réfléchis; corolle ample, campanulée, d'une jolie nuance bleue violacée; pétales pourprés aux onglets. Bonne variété. Style et étamines de couleur purpurine, très-allongés.

237. MAGNIFIQUE (Le). *Magnificent*, en anglais. (*Salter*, 1853.) — Fleur carmin clair : tube gros, long de 30 millimètres; sépales écartés, infléchis, découpés en lanières irrégulières; corolle rouge carminé. Inférieur au *Triomphe de Poisot*, auquel il ressemble. Variété passable.

238. MAITRE HORTSMANN. Master Hortsmann. (*Ivery*, 1850.) — Fleur pourpre très-foncé; tube très-gros, long de de 22 à 25 millimètres, sépales larges, plus allongés que le tube; corolle violet pourpré, très-ample. Comme on a dit souvent que ce fuchsia n'était autre que *Orion*, nous en avons fait avec le p'us grand soin la comparaison dans les serres, et avec la coopération de M. Rendatler, de Nancy : il en est résulté que ce sont deux variétés, très-peu distinctes il est vrai qu'on peut facilement confondre, mais il n'y a pas identité entre elles. Le tube de *Orion* est moins gros, plus allongé, et les sépales moins larges que *Maître Hortsmann*; le coloris est le même. Cette légère différence ne méritait pas la peine de créer deux variétés distinctes.

239. MALAKOFF ou **DUC DE MALAKOFF.** (*Veitch*, Angleterre, 1857.) — Fleur rouge pourpré clair, à tube court et mince; sépales larges, infléchis, longs de 28 millimètres; corolle double; pétales courts et peu nombreux, violet lilacé pâle. Cette variété paraît médiocre. Quelle idée bizarre a fait donner à cette petite fleur le nom du colosse dont la prise a été, pour l'armée française, une de ses plus belles victoires !

240. **MARIE DE PERTHUIS.** (*Narcis*, 1855.) — Fleur blanc rosé ; tube de bonne force, long de 20 millimètres ; sépales allongés et pointus, presque horizontaux ; corolle moyenne, carmin vif; pétales bordés au limbe de pourpre. Belle variété.

241. **MARQUIS.** (*Smith*, 1857.) — Fleur rouge corail; sépales totalement réfléchis ; corolle pourpre ?

242. **MARQUISE.** Marchioness. (*Smith*, 1857.) — Fleur blanc carné, à sépales réfléchis ; corolle d'un rose brillant, bien ouverte ?

243. **MARS.** (*Tait*, 1853.) — Arbuste buissonnant; fleur blanc verdâtre; tube gros, long de 18 millimètres; sépales rosés, un peu étroits, horizontaux, à pointes réfléchies ; corolle grande, rouge carminé. Variété de deuxième ordre.

244. **MASSUE D'HERCULE.** (*Léon Bernieau*, 1855.) — Le bouton de la fleur est très-gros, il forme un énorme grelot, d'où la dénomination de cette variété ; fleur rose vermillon tendre ; tube gros, long de 20 millimètres ; sépales larges, plus courts que le tube, cambrés, écartés, à pointes réfléchies ; corolle campanulée, petite, violet carminé. Ce fuchsia, dont le mérite est spécialement dans la grosseur du bouton, rappelle une ancienne variété du nom de *Sir Pottinger*. (*Voir* n° 334.)

245. **MATHILDE.** (*Gaine*, 1848.) — Fleur blanc rosé; tube gros ; sépales larges, écartés ; corolle petite, rouge carminé.

246. **MAZEPPA SUPERBA.** (*Miellez*, 1854.) — Cette variété se distingue par un beau port et son feuillage, qui mesure de 8 à 10 sur 5 à 6 centimètres; il pousse avec une grande vigueur et se prête bien à la forme pyramidale. Nous avons vu au mois d'août, chez M. Burel, des sujets de plus de 2 mètres de hauteur, provenant de boutures faites au mois de janvier précédent.

La fleur de cette variété est rose carné teinté de vermillon;

tube gros, long de 20 millimètres; sépales larges et courts, écartés, infléchis; corolle petite, vermillon brun, à pétales plissés et pendants.

Cette variété serait parfaite si la corolle avait plus d'ampleur, et si les sépales étaient plus relevés.

247. **MICROPHYLLA MAJOR**. — C'est une variété du *Microphylla*, à fleurs plus grandes et d'un feuillage plus ample.

248. **MICROPHYLLA REFLEXA**. — Autre variété du *Microphylla*, à fleurs plus ténues, d'une nuance plus pâle; feuillage d'un vert plus jaunâtre et moins denté.

249. **MICROPHYLLA-MIELLEZII**. (*Smith*, 1854.) — Ce fuchsia ressemble au *Microphylla major*. dont il est sans doute issu : il en a le port, le feuillage, l'inflorescence et la forme florale; la fleur est petite; tube très-court, presque nul; arrondi; sépales infléchis; corolle carmin clair, à petits pétales planes, obovales, alternes avec les lobes du calice; style et étamines non saillants.

Cette variété est très-florifère : ses nombreuses fleurs en miniature contrastent avec celles des hybrides à grandes fleurs. Son mérite a été singulièrement exagéré, car sa fleur avait été comparée à celle d'un *Petunia* de la largeur d'une pièce de un franc. Or, en suivant la comparaison monétaire, sa dimension se réduit à celle de un centime à peine. De là des déceptions et de justes plaintes de la part des acheteurs, qu'il serait facile d'éviter, si les obtenteurs de nouvelles variétés restaient dans les limites du vrai.

250. **MINERVA SUPERBA**. (*Gaine*, 1850.) — Fleur rose vermillon tendre; tube long de 20 millimètres, assez gros; sépales moyens, écartés, à pointes infléchies; corolle petite, vermillon éclatant, à pétales ondulés.

Sous le nom de *Minerve*, il avait paru vers 1846 une variété depuis oubliée.

251. **MISS BAILEY**. (*Pond*, 1857.) — Cette nouveauté serait dans le genre de la *Rcine de Hanovre*, mais supérieure?

252. **MISS NIGHTINGALE**. (*Salter*, 1856.) Cette variété émane de l'honorable M. Salter. Il faut éviter de la confondre avec

celle de M. Lucombe, dédiée à *Florence Nightingale*. Quel est son mérite ? Pour répondre à cette question, il faut nous permettre d'attendre que notre bouture ait donné des fleurs : à l'an prochain.

253. **MISS ORTERN.** (*Gaine*, 1853.) — Arbuste buissonnant ; fleur rose tendre ; tube de moyenne grosseur, long de 18 à 20 millimètres ; sépales presque horizontaux, à pointes infléchies ; corolle rouge carminé, d'une grandeur ordinaire. Variété de deuxième ordre.

254. **MISTRESS HAWTREY.** (*Turner*, 1854.) — Fleur blanc rosé ; tube très-gros, long de 20 millimètres ; sépales larges, relevés, ponctués de rose vif ; corolle ample, carmin vif, à pétales tombants. Belle variété.

255. **MISTRESS PATTERSON.** (*Patterson*, 1853.) — Fleur blanche ; tube gros, long de 20 millimètres ; sépales rosés, très-larges, écartés, à pointes infléchies ; corolle petite, violet nuancé de carmin. Cette variété est élégante, mais sa corolle manque d'ampleur.

256. **MISTRESS SIMPSON.** (*Lee*, 1857.) — Fleur rouge cramoisi ; sépales réfléchis ; corolle pourpre ?

257. **MISTRESS STORY.** (*Story*, 1855.)—Port élancé et grêle ; plante peu branchue, de même que les autres fuchsias de ce genre ; feuillage moyen, ovale-lancéolé, vert foncé ; tige et rameaux purpurins.

Fleur rouge pourpré vif ; tube de grosseur ordinaire, long de 15 millimètres ; sépales larges, allongés, à pointes réfléchies ; corolle blanche, de petite dimension ; pétales involutés, veinés de carmin à leur partie antérieure.

C'est la meilleure des six variétés à corolle blanche que les horticulteurs anglais ont mises dans le commerce en 1855. Toutes ces variétés ont un air de famille qu'on ne saurait méconnaître ; elles diffèrent bien peu entre elles, et il faut apporter dans leur examen une certaine attention pour reconnaître les nuances qui les séparent. Celle dont il s'agit a surtout plus de rapport avec les *F. Queen Victoria* et *Water Nymph* qu'avec les autres.

258. MODÈLE. (*Turner*, 1853.) — Fleur rouge pourpré brillant; tube court; sépales larges, allongés, réfléchis; corolle petite, bleu violacé. Variété multiflore. De troisième ordre.

259. MODÈLE DE PERFECTION, Standard of perfection. (*Mayle*, 1851.) — Fleur rouge pourpré brillant; tube court, renflé dans le haut; sépales larges, plus longs que le tube, horizontaux; corolle violet carminé, ample, campanulée. Bonne variété de deuxième ordre.

260. MOLIÈRE. (*Baudinat*, 1849). — A cette époque, les sous-variétés du *Corallina* abondaient; elles étaient loin d'être aussi belles que celles récemment produites, de telle sorte que celle dédiée à notre premier poëte comique a subi les destinées du temps : elle n'est plus... Fleur rouge pourpré clair, longue en totalité de 60 millimètres; tube de moyenne grosseur; sépales allongés et écartés, infléchis; corolle bleu violacé. Cette variété n'a jamais été que de second ordre.

261. MONARQUE. (*Henderson*, 1854.) — Tiges et rameaux purpurins; feuillage moyen, ovale-lancéolé, vert foncé; fleur rouge pourpré éclatant; tube long de 12 millimètres, de bonne grosseur; sépales larges écartés, à pointes relevées; corolle bleu violacé, quelquefois double. Variété de troisième ordre; dans ce genre on en possède d'autres qui la feront certes oublier.

262. M. A. WEICK. (*Léon Bernieau*, Orléans, 1855.)— Fleur rose tendre; tube très-gros, long de 20 millimètres; sépales larges, un peu plus allongés que le tube; corolle vermillon carminé, à larges pétales plissés; style très-long, étamines exsertes. Bonne variété.

263. M. DESVALLIÈRES. (*Duru*, Paris, 1857.) — Cette variété est vigoureuse ; large feuillage, ovale-aigu, finement dentelé, luisant; fleurs roses, à longs pédicelles; tube un peu mince; sépales larges et allongés, réfléchis, d'un rose carminé en dessous, à pointes vertes; corolle ample, carmin violacé; pétales plus larges que longs, étamines exsertes de 1 centimètre environ; style purpurin, mesurant deux fois la longueur de la fleur.

Ce fuchsia est très-florifère, et il se distingue par l'ampleur de sa fleur, mais le tube est trop faible.

Cette description se rencontre dans l'*Horticulteur français*, 1857, p. 49. Elle est accompagnée d'une jolie gravure.

264. **MONTGOLFIER**. (*Coëne*, Gand, 1857.) — Fleur rouge pourpré vif ; tube gros, long de 12 millimètres ; sépales larges, infléchis ; corolle violet foncé, de bonne dimension, en partie cachée par les sépales. Dans ce genre là, on possède plus d'une variété meilleure.

265. **MOSELLA**. (*Erben*, 1857.)—Cette nouveauté allemande aurait, dit-on, la fleur blanc rosé ; corolle rose nuancé de bleu, et elle prendrait ainsi rang parmi les fuchsias à fleurs panachées, qui n'offrent rien encore de supérieur.

266. **MULTIPLEX**. (*Story*, 1850.) — Fleur rouge pourpré clair ; tube court, mince, presque nul ; sépales larges, longs de 25 millimètres, horizontaux, à pointes réfléchies ; corolle violet pourpré très-foncé, double. Cette variété est inférieure à *Grandis* et surtout à l'*Hendersoni*, et, par suite, elle a été négligée.

267. **NAPOLÉON**. (*Dubus*, 1846). — Fleur blanc pur ; tube gros, long de 15 millimètres, sépales rosés, larges, écartés, infléchis ; corolle vermillon carminé.

Cette variété, comme nous l'avons dit sous le n° 121, est née du croisement des *F. Epsii* et *Vénus Victrix*, en même temps que les *F. Esmeralda* et *Scaramouche*. L'apparition de ces trois variétés fit une sorte de sensation, et plusieurs journaux d'horticulture en donnèrent le dessin, notamment les *Annales de la Société botanique* de Gand, t. Ier, p. 397.

268. **NIL DESPERANDUM**. (*Bank*, 1852.) — Fleur pourpre foncé ; tube mince, court, long de 15 millimètres, un peu arqué ; sépales très-allongés, longueur double du tube ; corolle violet carminé, ample, à pétales involutés. Variété inférieure a celle désignée sous le nom de *Rosa mundi*. Passable.

269. **NOVELTY**. (*Epss*, 1853.) — Fleur pourpre clair ; tube

de force ordinaire, renflé dans sa partie antérieure ; sépales larges, écartés, à pointes relevées ; corolle bleu violacé, quelquefois double.

En 1850, Kendall, sous ce même nom, avait produit une variété à fleurs roses ; elle n'a pas survécu au mouvement progressif. Il est à croire qu'il en sera bientôt de même de celle d'Epss, dont la duplicature est variable et peu apparente.

270. **NYMPHE DES EAUX**, Water Nymphe. (*Story*, 1855.) — Le feuillage et le port sont tout à fait semblables à ceux des autres variétés à corolle blanche. Fleur rouge pourpré clair ; tube moyen, long de 15 millimètres ; sépales larges, horizontaux, à pointes un peu réfléchies ; corolle moyenne, blanche, veinée de carmin, à pétales involutés. C'est la variété la plus médiocre des six variétés à fleurs blanches qu'a produites l'Angleterre en 1855. La meilleure est *Mistress Story*.

271. **OCHROLEUCA.** (*Miellez*, 1852.) — Fleur jaune soufré, longue en tout de 45 à 50 millimètres ; tube de moyenne grosseur ; corolle vermillon carminé. C'était une perfection du *Flavescens*.

272. **OMÉGA.** (*Bank*, 1854.) — Charmante variété qui se distingue par la jolie nuance de sa corolle,

Fleur rouge pourpré vif ; tube de 10 millimètres de longueur ; sépales larges, ovales-allongés-aigus, réfléchis ; corolle ample, bleu violacé pâle, passant au violet ; pétales nuancés aux onglets de carmin clair, involutés.

273. **OMER PACHA.** (*Bank*, 1855.) — C'est l'une des plus jolies variétés du groupe des jolies fuchsias à fleurs rouges, à sépales totalement réfléchis et à corolle bleue ; elle prenait rang après le *Prince Albert* et *Climax*, mais depuis il en est apparu d'autres meilleures, notamment l'*Admirable*, de Epss. (*Voir* le n° 3 de la *Monographie*.)

Fleur pourpre brillant ; tube de grosseur moyenne, long de 20 millimètres ; sépales larges, réfléchis ; corolle ample bleu indigo, passant au rouge violet carminé, à pétales involutés.

274. OMER-PACHA. (*Smith*, 1855.) — De même que la précédente, cette variété est dédiée au célèbre généralissime ottoman, et bien qu'elle émane d'un autre producteur, elle a avec la première un tel air de ressemblance qu'un œil peu exercé peut y être trompé ; en voici la description exacte :

Fleur pourpre clair ; tube mince, court, long de 10 millimètres ; sépales moyens, à pétales obronds, pendants, totalement réfléchis ; corolle grande, d'un bleu foncé passant au violet carminé.

La différence entre ces deux variétés consiste en ce que celle de *Bank* a son tube deux fois plus long et est d'une nuance plus claire. L'une et l'autre font partie de la descendance du *Corallina*. (Voir le n° 3 de la *Monographie*.)

275. ONE IN THE RING. (*Turvill*, 1849.) — Faute de pouvoir la traduire en français, nous conservons cette dénomination anglaise, qui, nous a-t-on dit, veut dire mot à mot *Un dans un anneau*. Allusion sans doute qu'on a voulu faire à l'effet produit par la nuance carminée de la corolle sur le blanc pur du calice, de même qu'un rubis sur un doigt de la main.

La fleur est blanche ; tube moyen, long de 20 millimètres ; sépales horizontaux ; corolle moyenne, à pétales tombants, rouge carminé.

Cette variété se rencontre encore dans quelques collections d'amateurs.

276. ORION. (*Smith*, 1849.) — Fleur rouge pourpré d'une nuance très-intense ; tube très-gros, long de 20 millimètres ; sépales larges, allongés-aigus, mesurant 35 millimètres, horizontaux, à pointes redressées ; corolle à larges pétales tombants, d'une jolie nuance violet pourpré.

Cette belle variété, par sa forme et son coloris, ressemble à *Don Juan* et à *Héros de Clapton*, mais sa fleur a plus d'ampleur et sa nuance est plus vive.

277. OTELLO. (*Turner*, 1854.) — Feuillage petit, ovale

allongé; fleur rouge pourpré vif; tube très-court, arrondi, peu renflé; sépales horizontaux, à pointes réfléchies; corolle bleu violacé, très-foncé, peu ample, pétales involutés. Cette variété est gracieuse, mais sa fleur est trop petite pour qu'on la conserve, en présence des nouvelles variétés du même genre obtenues depuis deux ans.

278. **PASCAL SASSERAND**. *(Léon Bernieau*, 1855.) — Fleur blanc rosé; tube assez fort, long de 25 millimètres; sépales de bonne grandeur, écartés, presque horizontaux; corolle petite, vermillon carminé, à pétales pendants.

279. **PENDULA**. *(Henderson*, 1852.) — Port et feuillage de toutes les sous-variétés du *Corallina*; fleurs tenues par de longs pédicelles, rouge pourpré clair; tube très-court, faible, long de 10 millimètres; sépales larges, très allongés, pendants, à pointes réfléchies; corolle très-grande, pétales involutés, bleu violacé. La forme de la fleur est celle du *Corallina*, avec un coloris plus vif. Variété de troisième ordre.

280. **PENDULINA**. *(Veitch*, Angleterre, 1856.) — Cet hybride provient de graines du *F. Serratifolia*, fécondé par une espèce péruvienne à fleurs pendantes. Fleur rose carminé vif; tube mince, infundibuliforme, long de 35 millimètres; sépales courts (15 millimètres), à pointes réfléchies; corolle petite, carmin vermillon, à pétales tombants; style et étamines à peine exsertes. Le feuillage est celui de l'espèce.

281. **PERFECTION**. *(Miellez*, 1849.) — Plante naine, à petit feuillage gaufré, crispé; fleur rose vif violacé; tube très-gros, long de 15 millimètres; sépales larges, plus courts que le tube, rouge pourpré à l'intérieur, écartés, cambrés, pointes réfléchies; corolle de bonne dimension, violet rosé.

282. **PERFECTION**. *(Standish*, 1854.) — Feuillage ovale-lancéolé, d'un vert jaunâtre; fleur blanche; tube moyen, long de 18 à 20 millimètres; sépales rosés, larges, doubles en longueur à peu près du tube, horizontaux; corolle moyenne, lilas rosé pâle nuancé de blanc. Cette fleur se distingue par la fraîcheur de sa nuance, mais on ne saurait la ranger au

nombre des perfections, à raison de l'extrême longueur des sépales du calice, qui ne sont pas en proportion avec celle du tube.

283. **PERLE.** Gem. (*Turvill*, 1849.) — Fleur blanche un peu rosée, longue de 40 millimètres; tube gros; sépales étalés, d'un vert prononcé; corolle moyenne, violacée. C'était, pour son époque, une élégante variété.

284. **PERLE DE L'ANGLETERRE.** Pearl of England. *Henderson*, 1850.) — Fleur blanc carné ; tube long de 20 millimètres, de bonne grosseur, renflé vers la partie médiane; sépales bien proportionnés, horizontaux; corolle campanulée, vermillon brun carminé. Bonne variété; ressemble à *Princesse*, de Bank.

285. **PERLE DE LA SAISON**, Pearl of the season. (*Henderson*, 1852.) — Fleur rouge pourpré vif : tube court, long de 10 millimètres à peine, de grosseur ordinaire; sépales larges, écartés ; corolle grande, violet pourpré. Variété de second ordre.

286. **PERLE DE WHITEHILL**, Gem of the Whitehill. (*Smith*, 1856.) — Port grêle, élancé, rameaux sarmenteux ; fleur rouge cramoisi très-foncé, brillant ; tube assez fort, long de 18 millimètres; sépales larges, de 35 millimètres de longueur, infléchis, enveloppant la corolle, qui se compose de grands pétales d'un violet bleuâtre passant au violet carminé; style et étamines très-allongés, de couleur purpurine. Cette variété, issue du *Corallina*, produit un certain effet, à raison des dimensions de sa fleur, dont elle est toutefois un peu avare.

287. **PERRUGINO**, le Pérugin. (*Story*, 1855.) — Port élancé, rameaux grêles; tige, pétioles et nervures de couleur purpurine; feuilles ovales-allongées-acuminées, mesurant 7 centimètres sur 3, courtement pétiolées, à dents très-espacées. Fleur rouge pourpré vif; tube mince et court, long de 12 millimètres ; sépales larges, horizontaux, à pointes un peu relevées ; corolle striée ou rubanée de bleu, sur un fond rouge pourpré clair; les pétales, ovales-allongés (20 mil-

limètres), sont réunis en forme de gaine et enveloppent les
étamines et le style, qui sont exsertes. Cette variété diffère
peu du *Striata*, dont elle est issue, et elle est presque identique avec le *F. Rafaëllo*, dont l'origine est la même. Ces trois
plantes ont le même port, un feuillage semblable et des
fleurs de même coloris. Un défaut, qui leur est aussi commun, est de ne pas bien épanouir leurs fleurs et de ne pas
donner des panachures constantes. Il est regrettable que,
dans de telles circonstances, on ait formé deux nouvelles
variétés aussi peu distinctes et d'un mérite si contestable.

288. **PETIT TRÉSOR**. Little treasure. (*Bank*, 1857.)—D'après
les prospectus, cette nouveauté aurait la fleur d'un rouge
écarlate brillant, et sa corolle serait ample, d'un beau violet et campanulée? Quant à présent, il ne nous est pas
permis de dire si c'est un véritable trésor !

289. **PHENIX**. (*Flament*, 1857, Belgique.) — Fleur rouge
carminé d'une belle nuance, à tube gros, renflé dans la partie médiane, de moyenne longueur ; sépales larges, réfléchis ;
corolle campanulée. d'un bleu violet clair, dont la nuance
est dans le genre de celle des fuchsias *Omega*, *Rosa mundi*
et *duc de Wellington*.

Cette variété a la même origine que les fuchsias du même
producteur par lui désignés sous les noms de *Phénomène*
et de *Zéphir*. Ces trois variétés ont entre elles une grande
affinité tant par le coloris du tube que par celui de la corolle ; ils semblent ne différer entre eux que par la force et
la longueur du tube, et par la tenue des sépales qui sont
plus ou moins réfléchis. *Voir* une gravure de ces trois fuchsias
donnée par le *Journal d'Horticulture pratique* de Belgique ,
décembre 1856.

290. **PHÉNOMÈNE**. (*Flament*, 1857, Belgique.) — Fleur
rouge carminé d'une belle nuance ; tube court, assez gros ;
sépales larges, réfléchis ; corolle campanulée, double, d'un
bleu clair à reflets violacés, dont la nuance a beaucoup d'a-
nalogie avec les *F. Oméga*, *Rosa mundi* et *Duc de Wellington*.

(*Voir* le numéro précédent.)

291 PILOTE. (*Story*, 1856.) — Fleur écarlate, à long tube ; sépales bien réfléchis ; corolle pourpre foncé ? Il nous a été impossible d'en avoir une bouture : à notre demande, il a été répondu par M. Thibaut que son sujet ne poussait pas et qu'il n'avait pu multiplier cette variété.

292. PREMIER. (*Henderson*, 1853.) — Sous-variété du *Corallina*. Fleur pourpre très-foncé ; tube moyen, long de 18 millimètres ; sépales plus allongés que le tube, horizontaux ; corolle ample, bleu très-intense, passant au violet carminé ; pétales involutés. Cette variété se distingue par un beau coloris, mais le tube est trop faible et les sépales sont trop allongés.

293 PRÉSIDENT PORCHER. (*Miellez*, 1850.) — Ce fuchsia est issu du *Comte de Beaulieu*, dont il est une perfection ; il a le port élevé, un large et beau feuillage ; fleur rouge pourpré vif ; tube gros, long de 25 millimètres ; sépales larges, horizontaux, à pointes d'un vert jaunâtre, infléchies ; corolle plus violacée que le tube, ample, à pétales plissés et tombants. Cette belle variété, dont M. Miellez a bien voulu nous faire la dédicace, conserve toujours un rang distingué dans les collections. Une autre variété à fleurs roses nous avait été aussi dédiée par M. Salter : elle a fait son temps.

294. PRÉSIDENT SILBERMANN. (*Th. Weick*, 1854.) — Port peu élevé ; fleurs rouge carminé, tenues par de longs pédicelles ; tube mince, long de 25 millimètres ; sépales écartés, cambrés, à pointes infléchies ; corolle très-ample, à pétales tombants, d'une belle nuance pourpre foncé. Cette variété, par l'ampleur de sa fleur, produit de l'effet ; toutefois son tube est trop mince et son ensemble peu gracieux.

295. PRINCE ALBERT. (*Story*, 1855.) — C'est sans contredit l'une des plus belles variétés du groupe déjà signalé au n° 3, issues du *Corallina* ; tige et rameaux purpurins ; feuillage grand, ovale-lancéolé ; fleur rouge pourpré vif ; tube court, arrondi, long de 10 millimètres, de moyenne force ; sépales deux fois plus longs que le tube, larges, totalement réfléchis ; corolle très-grande, campanulée, d'un bleu passant au violet carminé.

Des gravures exactes en ont été données par la *Flore des serres*, vol. X, p. 13; et par l'*Illustration horticole,* vol. II, planche 42.

En 1850, Jenning, sous le même patronage, avait publié une variété très-ordinaire à fleurs rouges.

296. **PRINCE ARTHUR**. (*Nichol*, 1851.) — Feuillage grand, ovale-allongé, vert jaunâtre; fleur blanc pur; tube de bonne grosseur, long de 25 millimètres; sépales rosés, larges, horizontaux; corolle ample, vermillon carminé, pétales tombants; style court, à peine exserte. Belle variété.

Sous ce même nom a paru, en 1851, une variété médiocre issue du *Corallina*, à fleurs rouges : elle venait de M. Story.

297. **PRINCE ÉDOUARD**. (*Erben,* 1857.) — Variété à fleurs doubles; le tube calicinal est rouge pourpré vif, de moyenne grosseur, long de 12 à 15 millimètres ; sépales larges, plus allongés que le tube, à pointes infléchies ; corolle double, violet pourpré-carminé ; pétales 12 à 15, peu serrés, de diverses grandeurs (les plus grands mesurent 15 millimètres). Second ordre.

298. **PRINCE JÉROME**. (*Chambraux*, au Pecq, près Saint-Germain, 1855.) — Cet hybride est né de graines du *F. Serratifolia*, fécondé par le pollen de la fleur d'une sous-variété du *Macrostemma*, le *Général Changarnier*, semées en 1853 par M. Chambraux, jardinier de M. Goupil, au Pecq : il a été couronné d'un premier prix à l'exposition de Saint-Germain.

Arbuste vigoureux, à longs rameaux purpurins; feuilles 4-verticillées, obovales-allongées, d'un vert foncé en dessus, purpurines en dessous.

La fleur a le tube très-gros, long de 60 millimètres, d'un beau rose, sépales courts, écartés, à pointes aiguës, vertes, infléchies; corolle rouge vermillon, à pétales obovales-arrondis, de même longueur que les lobes.

Faute de l'avoir rencontré dans nos premiers établissements d'horticulture, il ne nous a pas été permis de vérifier si ce fuchsia avait tenu ses promesses. Toutefois, à la lecture de la description que nous avons analysée et à la vue d'une gravure insérée dans l'*Horticulteur universel*, n° 4, avril 1856, p. 73, il nous est difficile d'admettre que ce soit une plante remarquable. Le défaut d'harmonie entre les sépales et le tube, et la disposition infléchie des sépales permettent d'en douter ? Il nous a semblé aussi que ce fuchsia est plutôt une variété du *Serratifolia,* dont il a conservé les principaux caractères, qu'un hybride, comme on l'a prétendu.

Ces réflexions étaient écrites alors que le numéro d'août du *Journal d'Horticulture* de Belgique a été publié ; on y lit ce qui suit: « Quant au fuchsia *Prince Jérôme*, c'est une variété « à rejeter : en la voyant en fleur, nous avons été désagréa- « blement surpris de ne lui trouver aucun mérite. Toutefois « cela viendrait-il de la faiblesse de l'exemplaire vu en « fleurs ?

299. **PRINCE DE GALLES.** Prince of Walles. (*Henderson*, 1856). — Fleur pourpre ; tube court et arrondi, long de 8 à 10 millimètres ; sépales larges, très-allongés (35 millimètres), totalement réfléchis ; corolle ample, bleu violet très-foncé passant au rouge violacé. Ce fuchsia fait partie du groupe issu du *Corallina,* cité au n° 3 ; il est d'une année plus nouveau que le *Prince Albert*, et il prendra un rang convenable après lui.

Les dédicaces faites antérieurement au prince de Galles sont nombreuses. Mayle, en 1852, lui a dédié une variété médiocre à fleurs rouges, et, avant 1844, Catleug, Bell et Busby avaient déjà donné l'exemple. De toutes ces variétés, il en reste à peine le souvenir.

300. **PRINCESSE.** (*Bank*, 1852.) — Feuillage grand, ovale-arrondi-acuminé, vert pâle, denté; fleur blanc rosé; tube assez fort, long de 15 à 20 millimètres; sépales ovales très-aigus, rosés, écartés, infléchis; corolle vermillon carminé.

Cette jolie variété offre une grande ressemblance avec

Perle de l'Angleterre, à la différence que les pétales sont un peu plus grands et d'un vermillon plus vif.

Avant 1849, nous avons eu, en fuchsias, nombre de *Princesses* auxquelles il ne s'attache plus qu'un souvenir historique, à savoir : *Princesse royale* (Bell); — *Princesse de Joinville* (Salter);— *Princesse Alice* et *Princesse Louise* (May); *Princesse royale* (Youell);—*Princesse de Lamballe* (Miellez); — *Princesse Sophie* (Halley) ; — et en dernier lieu, 1853, *Princesse Marie de Wurtemberg*, variété médiocre dès son apparition.

301. **PRINCESSE LOUISE**, Prinzessin Louise (*Dender*, 1856). —Rameaux grêles, sarmenteux et tombants, de même que ceux des *F. Conspicua* et *Prince Arthur;* pétioles et nervures des feuilles de couleur purpurine; feuilles ovales-allongées-aiguës, de 8 à 9 centimètres sur 45 à 50 millimètres, un peu pubescentes, à longs pétioles de 55 millimètres.

Fleur rose vermillon ; tube gros, long de 22 à 25 millimètres ; lobes du calice moyens, horizontaux ; corolle vermillon éclatant, campanulée ; pétales ondulés. Cette variété est à peine de second ordre.

302. **PRINCESSE DE PRUSSE.** (*Dender*, Coblentz, 1852). — Fleur blanc rosé; tube mince, long de 30 millimètres; sépales de même longueur, écartés, infléchis; corolle ample, rouge carminé, pétales plissés, nuancés de vermillon clair à l'onglet.

Cette variété se recommande par la dimension de sa fleur; cependant elle est loin d'être parfaite : son tube est mince et les sépales sont trop étroits en proportion de leur longueur.

303. **PRINCESSE ROYALE.** (*Veitch*, 1857.)— La fleur de cette nouveauté serait, dit-on, rouge cramoisi; sépales réfléchis ; corolle blanc pur ?

304. **PUMILA** ou **TOM POUCE**, Tom Thum. (1852.' — Plante buissonnante, à petit feuillage, ressemblant à celui d'un myrte; fleur rouge corail; tube presque nul; sépales allon-

gés, peu ouverts, infléchis: corolle bleu foncé, cachée en partie par les sépales ; style et étamines exsertes.

En 1850, il avait déjà paru sous ce nom une variété à fleurs rouge carmin, presque globuleuses, due à **M. Baudinat**, et qui était florifère.

305. **PUNCH**. (*Salter*, 1844 à 1848.) Fleur rouge pourpré clair ; tube gros, long de 20 millimètres ; sépales larges, écartés, infléchis ; corolle ample, rouge carminé, à pétales plissés. C'était une variété recherchée et qui a fait son temps.

306. **PYRAMIDALIS MULTIFLORA**. (*Dender*, Coblentz, 1854.) —Fleur vermillon rosé ; tube gros et court, de 15 millimètres ; sépales larges, écartés, à pointes infléchies ; corolle petite, vermillon nuancé de carmin. Troisième ordre.

307. **QUEEN VICTORIA**. (Voir *Reine Victoria*).

308. **RANUNCULIFLORA**. (*Story*, 1856.) — Plante grêle, délicate, à petit feuillage ; fleur rouge clair ; tube mince, long de 15 millimètres ; sépales infléchis ; corolle double, formée d'une vingtaine de petits pétales fortement striés de violet ; ils sont si courts qu'on les distingue à peine. C'est un défaut capital qui ne permet pas d'admettre cette variété dans une collection de choix.

309. **RAPHAEL**, Rafaello. (*Story*, 1855.) — Arbrisseau d'un port élancé ; feuillage vert foncé, ovale-allongé, tige et rameaux purpurins.

Fleurs rouge pourpré vif ; tube mince, long de 15 millimètres ; sépales étroits, très-allongés ; corolle striée, veinée ou rubannée de violet foncé et de rouge carminé, quelquefois unicolore ; pétales involutés, très-serrés. Cette variété, à fleurs panachées, est presque identique avec l'ancien *Striata*, dont elle est issue, et tout aussi médiocre ; ses fleurs ont une mauvaise tenue et s'ouvrent mal.

310. **REFULGENS.** (*Gaine*, 1854.) — Fleur pourpre ; tube très-gros, long de 20 millimètres ; sépales larges, horizontaux ; corolle pourpre carminé très-intense, ample, pétales involutés. Cette variété se recommande par l'ampleur de sa fleur.

311. **REINE DES FÉES**, Fairy Queen. (*Bank*, 1855.) — Voici la description par trop succincte que donnent de ce fuchsia les catalogues anglais : Tube calicinal blanc, à sépales teintés de jaune citron; corolle violet foncé? Sous ce nom, on m'a livré le *F. Omer Pacha* (*Smith*).

312. **REINE DE HANOVRE**, Queen of Hanovre. (*Bank,* 1854.) — Fleur blanc pur; tube de moyenne force, long de 20 millimètres; sépales plus courts que le tube, horizontaux; corolle petite, carmin vif. Ce fuchsia offre quelque analogie avec le *F. Princesse*, de Bank.

313. **REINE HORTENSE**. (*Gojard,* 1857.) — Cette nouveauté a le tube blanc et la corolle d'un rouge violacé. Telle est la seule indication que nous pouvons en donner.

314. **REINE DES LILAS**. (*Porcher*, 1851.) — Fleur rose liliacé tendre; tube gros, court (il mesure 15 millimètres) ; segments larges, horizontaux; corolle lilas violeté, de même longueur que le calice, campanulée (1).

315. **REINE VICTORIA**, Queen Victoria. (*Story*, 1855.) — Variété à corolle blanche, dont le port, le feuillage et la fleur ont une analogie parfaite avec les autres fuchsias de même origine parus à la même époque.

Fleur rouge pourpré vif; tube de moyenne force, court (il mesure seulement 10 millimètres) ; sépales de largeur convenable, horizontaux, à pointes réfléchies ; corolle blanche, pétales involutés, veinés de carmin aux onglets.

Cette variété ressemble particulièrement à *Mistress Story* et à l'*Empress Eugénie ;* il est facile à un œil peu exercé de confondre ces variétés entre elles.

Les horticulteurs anglais n'ont pas été, quant à présent, heureux dans les dédicaces faites par eux à leur reine. De 1844 à 1848, *Harrisson, Bell, Smith, Miller, Youell*, ont

---

(1) D'autres *Reines* ont cessé de régner sur les fuchsias; en voici les noms : *Reine de beauté* (Epss), — *Reine de Séba* (Harrisson), — *Reine des Vierges* (Epss), — *Reine des Français* (Salter), — *Reine superbe,* — *Reine de Bourbon,* — *Reine de mai* (Smith, 1850), — *Reine des Fées* (Vicairy, 1850), etc.

publié sous le patronage de leur souveraine, divers fuchsias qui successivement ont disparu des cultures. Celui de *Harrisson* seul avait un mérite réel et surtout relatif pour l'époque.

316. **RESPLENDENS**. (*Henderson*, 1852.) — Tige et rameaux purpurins; feuillage vert foncé, ovale lancéolé-aigu; fleur pourpre clair; tube gros, court (il mesure 12 millimètres); sépales larges, horizontaux, violet carminé. Ressemble à *Splendidissima* d'Henderson, mais celui-ci vaut mieux.

Sous le nom de *Resplendens nova*, le commerce a vendu le même fuchsia.

317. **REVOLUTA**. (*Odier*, 1855.) — Fleur blanc verdâtre rosé; tube gros, long de 20 millimètres; sépales larges, d'une nuance plus vive que le tube, totalement réfléchis, à pointes vertes; corolle petite, vermillon foncé, à pétales plissés.

Cette variété est médiocre, d'un aspect peu gracieux, qui tient à la manière dont les pointes des sépales se recoquillent, au peu d'ampleur de la corolle et à son coloris terne.

318. **RHENUS**. (*Erben*, 1857.) — Cette variété ne nous est connue que par les prospectus, qui la signalent comme ayant la fleur rose clair; sépales réfléchis; corolle pourpre clair.

319. **ROI DES BLANCS**. (*Dubus*, 1857, Lille.) — Feuillage d'un vert clair, ovale allongé, terné, à pétioles et nervures de couleur purpurine; fleur d'un blanc légèrement carné; tube de bonne grosseur, un peu coudé; sépales réfléchis; corolle carmin, d'un rouge feu au limbe des pétales, campanulée. Variété de premier ordre.

320. **ROI DES FUCHSIAS**. (*Miellez*, 1852.) — Feuillage grand, ovale-lancéolé, pétiolé, vert clair, gaufré, à forte dentelure; fleur rose carné; tube très-gros, long de 25 millimètres, souvent courbé; sépales d'un rose plus vif, larges, à pointes aiguës, verts, relevés; corolle ample, vermillon carminé, à pétales plissés et tombants. Cette variété produit de l'effet, surtout en forts sujets.

321. **ROSALBA**. (*Coëne*, Belgique, 1856. Semis de *Gend-*

brugge.) — Fleurs d'un rose tendre, nuancées de rose vif, à tube de moyenne force, long de 30 millimètres; sépales ovales-allongés-aigus, écartés, à pointes infléchies; corolle de moyenne grandeur, d'un blanc rose piqueté de rose vif.

Cette variété, obtenue en Belgique, a été achetée par M. Van Houtte et mise par lui dans le commerce en 1857. Une jolie gravure en a été donnée dans la *Flore des Serres*, dont il est l'éditeur, t. Ier (2e série), n° 10, p. 169. Bien que les sépales ne soient pas retroussés, ce que n'exige pas seulement la mode qui règne en Angleterre, mais les règles du bon goût, M. Van Houtte pense qu'en raison de son coloris insolite cette variété mérite une exception.

322. **ROSA MUNDI**. (*Kimberley*, 1851.) — Fleur rose vif carminé; tube de moyenne grosseur, long de 15 millimètres à peine; sépales larges, écartés, infléchis, très-allongés (ils excèdent du double la longueur du tube); corolle violet pâle un peu carminé, à pétales involutés. La disproportion des sépales avec le tube et leur tenue affaiblissent le mérite que ce fuchsia tient de son coloris.

323. **ROSEA SPLENDIDA**. (*Boucharlat*, Lyon, 1856.) — Fleur rose, trapue, tenue par de courts pédicelles; tube très-gros, long de 15 millimètres; sépales larges, horizontaux, de même longueur que le tube, à pointes réfléchies; corolle rouge carminé, moyenne, campanulée. Cette variété manque à son titre, elle n'a rien de *splendide,* et elle est dépourvue d'élégance.

Sous le nom de *Rosea alba* ou *Bellidifolia*, il est apparu avant 1844 une variété naine, jolie, delicate; et dans le même temps une autre variété, qui se faisait remarquer par la fraîcheur de son coloris : on l'appelait *Rosea superba*.

324. **ROSE QUINTAL**. (*Salter*, 1848.) — Fleur rose tendre vermillonné; tube faible, long de 25 millimètres; sépales courts, horizontaux; corolle petite, vermillon éclatant.

Cette variété est loin d'être une perfection, cependant elle est encore dans beaucoup de collections, où elle s'est maintenue à raison de la vivacité de son coloris.

325. ROUGE ET BLANC. (*Henderson*, 1856.) — Arbuste d'un port élevé, peu branchu; tige, rameaux, pétioles et nervures purpurins; feuilles ovales-arrondies, vert foncé; fleur rouge pourpré clair; tube gros, long de 12 millimètres; sépales larges, peu écartés, infléchis; corolle petite, blanche; pétales veinés de carmin, involutés.

Cette variété à corolle blanche d'Henderson n'est pas supérieure à celles de son confrère Story. Si la fleur est plus grosse, la disposition des sépales laisse à désirer. Elle a d'ailleurs avec celles-ci beaucoup d'analogie.

326. ROYAL VICTORIA. (*Pond*, 1857.) — C'est, disent les prospectus, une variété magnifique à fleurs d'un blanc pur; corolle rose ?

327. SATURNALIA. (*Kreetsmar*, Allemagne, 1857.) — Fleur rouge carminé; tube gros, long de 18 millimètres; sépales larges, réfléchis; corolle de bonne grandeur, cramoisi pourpré vif. Second ordre.

328 SCARAMOUCHE. (*Dubus*, Lille, 1845.) — Fleur lilas rosé, longue de 35 millimètres; tube gros; sépales écartés, à pointes infléchies, vertes; corolle lilas.

Cette variété, dans l'origine, avait le tort d'offrir avec l'*Esmeralda* une certaine analogie et de lui être inférieure. Depuis elle a été dépassée par bien d'autres; aussi l'élégant *Scaramouche* a-t-il été complétement oublié.

(*Voir* pour son origine les indications données sous le n° 121.)

329. SECRÉTAIRE DELAIRE. (*Léon Bernieau*, 1855.) — Fleur blanc rosé; tube gros, court (il mesure 15 millimètres); sépales de bonne dimension, étalés, presque horizontaux, à pointes infléchies; corolle moyenne, violet clair panaché de blanc et de carmin. Il est regrettable que ces jolies panachures, qui donnent à ce fuchsia un attrait tout particulier, soient inconstantes.

330. SECRÉTAIRE ZETTER. (*Schule*, 1855.) — Fleur rouge pourpré; tube mince, long de 25 millimètres, sépales larges, horizontaux; corolle d'un beau violet, à pétales involutés. Variété médiocre.

331 SERRATIFOLIA ALBA. (*Delbaere*, 1849.) — Ce fuchsia provient de graines du *Serratifolia* fécondées par le *F. Napoléon*. La seule différence qui existe entre le type et cette variété consiste dans la nuance blanc carné du tube de celle-ci. Le feuillage est aussi d'un vert moins foncé.

332. SERRATIFOLIA BELLE BLONDE. (*Salter*, 1853.) — Cette variété ne diffère de l'espèce que par une nuance plus pâle et par les proportions moins grandes de la fleur.

333. SERRATIFOLIA MULTIFLORA. (1849.) — Autre variété plus naine et plus florifère que l'espèce. Son feuillage est d'un vert plus foncé et moins allongé. La fleur est rose carminé vif à la naissance du tube, puis elle s'affaiblit insensiblement et devient d'un rose tendre au limbe.

La floraison du *Serratifolia* et de ses variétés a lieu à l'automne ou pendant l'hiver. Le pincement doit leur être appliqué sévèrement, pour les empêcher de trop s'élever et afin de les amener à une plus abondante floraison.

334. SIR HENRI POTTINGER. (*Ivery*, 1846 à 1848.) — Fleur rose tendre, longue de 45 millimètres; tube assez gros ; sépales larges, peu ouverts, formant une espèce de grelot; corolle rouge violacé. C'était une belle variété.

335. SNOW-DROPP. (*Story*, 1855.) — Voir *Boule de neige*.

336. SOUVENIR DE CHISWICK. (*Bank*, 1857.) — Bonne variété dont la fleur est rose vif carminé ; tube mince, long de 10 à 12 millimètres ; sépales larges, entièrement réfléchis ; corolle assez ample, violet bleuâtre.

337. SOUVENIR DE LA REINE. (*Coëne*, 1854.) — Plante naine, délicate, à petit feuillage et à petites fleurs ; tube blanc carné, nuancé de carmin à la base, mince, long de 15 millimètres ; sépales ecartés, infléchis; corolle carmin.

Cette variété, vue dans une position horizontale, semble tout à fait médiocre, mais elle gagne si on la cultive dans un vase suspendu.

(*Voir*, dans le tome IX de la *Flore des Serres*, un dessin tant soit peu flatté de ce fuchsia.)

338. **SPLENDIDISSIMA**. (*Henderson*, 1852.) — C'est une sous-variété du *Corallina*. Fleur pourpre vif; tube assez gros, long de 15 millimètres; sépales larges, horizontaux; corolle bleu violacé foncé.

Elle ressemble à l'*Ignea* par la nuance de la fleur, et elle en diffère par un tube plus fort et les sépales qui, au lieu d'être pendants, sont placés horizontalement.

339. **SPLENDIDISSIMA**. (*Schüle*, 1852.) — Cet hybride n'a d'autre rapport avec celui de M. Henderson que le nom. C'est un arbuste buissonnant, à feuilles moyennes, ovales-lancéo-lées-aiguës, fortement dentées, d'un vert pâle. Fleur rose vermillon tendre; tube très-gros, court, long de 18 millimè-tres; corolle carmin vif. Bonne variété florifère.

340. **STAR**, Astre. (*Story*, 1857.) — (Voir *Astre*, n° 22.)

341. **STAR OF THE NIGHT**. (*Bank*, 1857.). — (Voir *Astre-de-la-Nuit*, n° 23.)

342. **STELLA**. (*Miellez*, 1854.) — Fleur blanc rosé; tube de force ordinaire, long de 25 millimètres; sépales moyens, horizontaux. Corolle ample, lilas tendre, pétales involutés. Troisième ordre.

343. **STRIATA**. (*Story*, 1850.) — Arbuste d'un port élancé; feuillage vert foncé, ovale-lancéolé, moyen. Fleur pourpre clair; tube presque nul; sépales horizontaux, à pointes re-levées; corolle lilas rosé, rubannée de violet pâle. Cette va-riété est médiocre; elle n'offre d'autre intérêt que ses pana-chures, qui sont inconstantes. En 1852, nous écrivions que c'était un premier pas vers les variétés à corolles panachées, et qu'à ce titre les semeurs ne devaient pas dédaigner cette variété pour en récolter les graines. Nos prévisions se sont réalisées, car on nous annonce plusieurs variétés nouvelles à corolles striées. Il reste à savoir si les panachures en se-ront constantes?

344. **STRIATA FORMOSISSIMA**. (*Coëne*, Gand, 1856.) — Cette dénomination est d'une grande exagération et loin de la

réalité. La forme de la fleur est dans son ensemble peu gracieuse et d'un coloris terne. Le tube mesure en longueur de 28 à 30 millimètres, de moyenne grosseur, rouge pourpré clair; sépales larges, plus courts que le tube, cambrés, écartés, à pointes infléchies, d'une nuance plus pâle que le tube; corolle rubannée et striée de violet pâle, de rose tendre et de rouge; pétales plus courts que les sépales, infléchis: étamines allongées, souvent pétaloïdes, et en ce cas offrant l'aspect d'une seconde corolle superposée à la première. L'effet que cela produit est plutôt bizarre que gracieux.

345. **SURPRISE**. (*Dubus*, 1856.) — C'est une variété à corolle striée, dont le tube est rouge pourpré vif, de grosseur moyenne, long de 15 millimètres; sépales larges, totalement réfléchis; corolle très-ample, à pétales rubannés et striés de rouge sur un fond violet foncé.

346. **SYDONIE**. (*Smith*, 1851.) — Plante buissonnante; fleur blanc de cire teinté de rose; tube mince, long de 12 millimètres; sépales larges, horizontaux, à pointes réfléchies; corolle bleu violacé.

Cette variété est plus vigoureuse et à fleurs plus grandes que la *Venus Victrix*, dont elle est issue. Depuis, elle-même a donné naissance à d'autres variétés bien plus belles, en tête desquelles nous citerons *Lady Franklin*, *Thalie* et *Lady Cawendish*.

347. **SYRINGÆFLORA**. (*Van Houtte*, 1849.) — Ce fuchsia a été obtenu de graines venues de Guatimala par M. Van Houtte, de Gand. Il se distingue par une inflorescence particulière et différente de la plupart des autres fuchsias. En effet, ses petites fleurs d'un violet pâle sont disposées en thyrse, de telle sorte qu'on serait tenté de le prendre pour une espèce de lilas, ce qui lui a fait donner le nom qu'il porte.

Il provient de graines reçues en 1848 par M. Van Houtte, de Guatimala, qui avec raison le considère comme une variété de l'*Arborescens*.

Arbrisseau de 1 à 2 mètres, à rameaux nombreux droits,

glabres comme les autres parties de la plante, purpurins. Feuilles lancéolées-oblongues, ou elliptiques, ternées, d'un vert lisse foncé, longues de 12-15 centimètres sur 5-6 centimètres de large ; celles inférieures beaucoup plus grandes ; pétioles courts, rougeâtres ; panicules dressées, subtrichotomes, très-ramifiées ; pédicelles très-courts ; tube rose-lilacé, long de 10 millimètres ; limbe divisé en quatre sépales étalés, réfléchis, égaux en longueur au tube ; corolle de quatre pétales plus petits que les lobes du calice, alternés avec ceux-ci, d'un rose plus pâle, presque blanc, disposée en étoile.

Ce fuchsia, cultivé dans de petits vases, est d'un effet médiocre, mais placé dans des pots de grande dimension, ou plutôt livré à la pleine terre, il forme de superbes buissons qui se couvrent de fleurs tout l'été. En passant à Strasbourg, nous avons eu occasion d'en admirer deux sujets hors ligne dans le jardin de Botanique ; ils étaient en pleine terre, et leur floraison était d'une abondance remarquable.

348. **TÉLÉGRAPHE.** (*Smith*, 1854.) — Fleur rouge pourpré vif ; tube mince et court, long de 10 millimètres ; sépales larges, allongés, réfléchis ; corolle ample, bleu violacé foncé. C'est une jolie variété faisant partie du groupe des fleurs à sépales réfléchis, mais son tube est un peu trop faible. Il existe d'autres variétés meilleures.

349. **THALIE.** (*Turner*, 1855.) — Fleur blanc carné ; tube gros et court (il mesure 15 millimètres environ) ; sépales larges, relevés ; corolle ample, à pétales involutés, d'un beau violet, carminé au limbe. C'est une sous-variété de *Sydonie*, à fleurs bien mieux faites, et qui de plus a l'avantage d'un beau feuillage et d'une jolie tenue.

350. **THE SILWER SWAN**, le Cygne d'Argent. (*Bank*, 1857.) — (Voir *Le Cygne d'Argent*, n° 87.)

351. **TOM.** (*Miellez*, 1853.) — Fleur pourpre brillant ; tube très-renflé, long de 20 millimètres ; sépales larges, écartés ; corolle rouge violacé. Bonne variété.

352. **THYRSUS ALBUS.** (*Schüle*, 1854.) — Fleur blanc veiné de rose liliacé ; tube long de 15 millimètres, de moyenne

grosseur; sépales écartés, à pointes vertes et infléchies Variété florifère ; c'est son seul mérite.

353. F. TODDIANA. *(Todd, 1842.)* — C'est un hybride né de graines du *Fulgens* fécondées par le *Globosa*. Feuillage vert clair, de 8 centimètres sur 5, fortement denté ; fleur rouge carmin foncé, à tube mince et court ; elle mesure dans son ensemble de 7 à 8 centimètres ; lobes du calice étroits allongés-aigus, infléchis, bien plus longs que le tube ; corolle assez ample, bleu violacé.

(Voir le dessin, *Revue horticole,* V, juillet 1843, page 349.)

354. TRANSCENDANT. *(Miellez, 1854.)* — Fleur rose tendre un peu verdâtre ; tube assez fort, long de 25 millimètres ; sépales larges, horizontaux ; à pointes infléchies ; corolle violette, à pétales tombants.

Cette variété est loin de justifier sa dénomination quelque peu ambitieuse ; le coloris en est terne, les sépales offrent de l'irrégularité dans leur découpure ; et, sous l'action d'une chaleur estivale, les pointes se recoquillent et se dessèchent peu après leur épanouissement, ce qui donne à la fleur un aspect peu gracieux.

355. TRENTHAM. *(Cole et Sharp, Angleterre, 1854.)* — Port élancé ; arbuste peu rameux ; feuillage grand, ovale-arrondi, à dentelure écartée et petite ; tige, pétioles et nervures purpurins ; fleur pourpre foncé ; tube gros et court, long de 12 millimètres ; sépales très-larges, écartés, infléchis, le double du tube en longueur, formant avant l'épanouissement un gros bouton ovale-arrondi ; corolle ample, blanc violacé, à pétales involutés. Ce serait une bonne variété, si elle était plus florifère.

356. TRIOMPHE. *(Miellez, 1843.)* — Fleur rose carné ; tube gros, long de 40 millimètres ; sépales larges ; corolle ample, vermillon orangé.

Vers le même temps, Salter produisait aussi un *Triomphe* qui n'a pas eu le même succès. L'un et l'autre sont à présent négligés.

357. TRIOMPHE. (*Poisot*, Saint-Germain, 1855.) — Arbuste buissonnant à fleur rouge carminé vif ; tube de bonne force, long de 25 millimètres ; sépales étroits et presque horizontaux ; corolle moyenne, rouge pourpré. Variété de second ordre à peine.

358. TRIOMPHE DE BRUXELLES. (*Cornelissen*, 1857, Bruxelles.) — Cette nouvelle variété ne nous est encore connue que par un joli dessin colorié que vient de publier l'*Horticulteur praticien* dans son numéro de novembre 1857. C'est, sans contredit, suivant le rédacteur de ce journal, l'un des plus beaux fuchsias parmi ceux de couleur foncée, et il peut justifier le titre un peu prétentieux que son obtenteur lui a imposé.

La fleur est rouge pourpré vif ; tube court, long de 12 millimètres ; sépales très-larges et bien plus allongés que le tube ; corolle bleu-indigo, campanulée, d'une grande ampleur ; les pétales mesurent au delà de 25 millimètres, et encore on ajoute que, depuis que le dessin a été fait, des fleurs plus grandes ont été vues.

A l'aspect de ce dessin, s'il est fidèle, sans vouloir en rien contredire les éloges donnés à cette nouvelle fuchsie, nous dirons seulement que le tube est un peu trop court.

359. TRISTAM SHANDY (*Bank*, 1857.) — Cette nouveauté anglaise est très-méritante ; fleur rouge pourpré brillant, tube court, de 8 à 10 millimètres, mince ; sépales larges, réfléchis. La corolle, qui fait le principal mérite de ce fuchsia, est d'un violet pâle, très-ample, campanulée.

360. UNA. (*Smith*, 1857.) — Le catalogue français qui signale la publication de cette nouveauté ne donne aucune indication sur la forme et le coloris de la plante. Antérieurement à 1844, il a déjà paru sous ce nom une variété dont l'existence a été d'une bien courte durée. Puisse celle-ci avoir une meilleure destinée !

361. URANIA. (*Dender*, 1856.) — Fleur vermillon tendre ; tube de bonne force, long de 20 millimètres ; sépales écartés, infléchis, manquant un peu d'ampleur ; corolle vermillon foncé, à pétales allongés et plissés. A peine de second ordre.

362. — VARIABILIS. *(Burel, 1854.)* — Ce fuchsia est issu de *Minerva superba,* et cependant il ressemble à *Perle de l'Angleterre.* Sa fleur est blanche ; tube un peu gros, renflé dans sa partie médiane, long de 20 millimètres ; sépales larges, horizontaux ; corolle moyenne, vermillon éclatant ; pétales quelquefois panachés ou striés de blanc. A l'automne dernier, la plupart des fleurs étaient striées ou rubannés de blanc, ce qui leur donnait un aspect charmant. L'inconstance de la panachure a fait nommer cette variété *Variabilis.*

363. VARIEGATA, ou plutot **FOLIIS VARIEGATIS**. *(Van Houtte, 1853.)* — Le feuillage de cette variété en fait à lui seul le mérite ; il est grand, ovale-arrondi, couvert de larges macules jaunes, dans le genre de celle de l'*Ancuba.*

Fleur rouge pourpré ; tube de force ordinaire, long de 20 millimètres ; sépales infléchis ; corolle violet pourpré.

364. VENUS DE MEDICIS. *(Bank, 1856.)* — Feuillage vert clair, ovale-très-allongé-aigu, mesurant 10 centimètres sur 3 centimètres, à bords relevés ou ondulés, ressemblant à celui du *F. Venusta.*

Fleur blanc un peu rosé ; tube de moyenne grosseur, long de 15 millimètres ; sépales larges, rose tendre en dessus et rose vif intérieurement, totalement réfléchis ; corolle ample, d'une charmante nuance bleu violacé.

Voir une gravure coloriée de ce beau fuchsia dans l'*Illustration horticole,* IIIe volume, page 93, qui a été reproduite dans le *Journal d'Horticulture pratique* de Belgique, vol. XIV, page 161. Le dessin en est exact ; mais le coloriste a remplacé le bleu violacé de la corolle par un bleu d'azur.

C'est une variété hors ligne que nous avons pu voir, en 1856, dans tout son éclat dans les serres de M. Lemoine, à Nancy.

265. VENUS VICTRIX. *(Cripps,* antérieure à 1844.) — Plante buissonnante ; feuilles petites , ovales-arrondies ; fleur blanc rosé ; tube court, arrondi ; sépales réfléchis ; corolle bleu passant au violet.

Cette variété délicate, peu vigoureuse, a donné naissance d'abord à *Sydonie*, puis à d'autres sous-variétés bien supérieures, au nombre desquelles nous citerons *Lady Franklin*, *Thalie*, *Lady Cawendih*, etc.

366. **VESTA**. (*Patterson*, 1853.)— Fleur blanche, un peu rosée ; tube gros et court, long de 10 millimètres ; sépales larges, écartés, à pointes infléchies ; corolle petite, lilas rosé. Variété naine, multiflore et jolie.

367. **VIALA**. (*Lefèvre*, 1849.) — Fleur rose tendre, longue de 40 millimètres ; tube gros ; sépales larges, horizontaux ; corolle grande, lilas rosé. Cette variété était belle dans son temps et son succès a eu de la durée.

368. **VICTOIRE DE L'ALMA**. (*Duru*, 1854.) — Au premier aspect, on croirait avoir sous les yeux le *F. Don Juan;* mais, avec quelque attention, on reconnaît que le nouveau fuchsia a le feuillage plus foncé, que le coloris de la fleur a un brillant que l'autre n'a pas, que le tube est plus court et que sa corolle est plus carminée. Variété vigoureuse.

369. **VICE-PRÉSIDENT JULLIEN**. (*Léon Bernieau*, Orléans, 1855.) — Fleur blanc verdâtre ; tube gros, renflé dans le haut, long de 20 millimètres ; sépales moyens, écartés, presque horizontaux, à pointes infléchies ; corolle manquant d'ampleur, à pétales plissés, rose vermillon tendre, *pictés* et bordés de carmin. Ce caractère est constant ; il est spécial à ce fuchsia et lui donne un cachet d'originalité.

370. **VICTOR HUGO**. (*Baudinat*, 1849.) — Parmi les sous-variétés du *Corallina*, celle-ci s'est fait surtout remarquer ; mais aujourd'hui, qu'elle a été remplacée par des variétés d'une meilleure forme, il ne saurait plus en être question que comme souvenir historique. Fleur rouge pourpré, d'un coloris plus pâle, et plus longue que la fleur du type ; tube mince, long de 20 millimètres ; sépales larges, étalés, plus allongés que le tube ; corolle bleu violacé.

371. VIOLÆFLORA. (*Lucombe*, Angleterre, 1856.) — Port élancé ; feuilles d'un vert foncé, ovales-arrondies, de 55 millimètres sur 45, à dentelure écartée ; fleur rouge pourpré très-foncé ; tube court, de moyenne force, long de 10 millimètres ; sépales très-larges, infléchis ; corolle double, bleu foncé lors de l'épanouissement, passant ensuite à un pourpre violacé. Les pétales sont au nombre de 20 à 25, de diverses grandeurs, plissés, entremêlés et formant par leur ensemble un petit groupe dans le genre d'une violette double. C'est une très-belle variété, qui cependant a le défaut d'être peu florifère, de fleurir tardivement et d'avoir ses sépales infléchis, ce qui ne permet pas de voir aussi bien la corolle. Depuis la publication de cette variété, M. J. Baudry, d'Avranches, en a mis une autre dans le commerce, sous son nom, qui est à peu près identique avec le *Violæflora*. Une légère nuance dans le coloris de la fleur et moins de largeur dans les sépales sont la seule distinction qu'il m'a été donné d'y reconnaître.

372. VIRENS. (*Schüle*, 1855.)—Arbrisseau buissonnant, à petit feuillage, vert clair. Fleur blanche ; tube long de 15 millimètres, faible ; sépales rosés, horizontaux ; corolle petite, rouge carminé. Cette variété, bien que multiflore, de même que la plupart de celles à petites fleurs, ne mérite pas qu'on la conserve dans une collection de choix.

373, VIRGINAL. (*Boucharlat*, Lyon, 1857,) — Fleur blanc pur ; tube gros, long de 20 millimètres ; sépales rosés, larges, plus courts que le tube, écartés, à pointes infléchies ; corolle rouge vermillon, plus courte que les sépales du calice. A raison du peu d'ampleur de sa corolle, de la forme et de la tenue des sépales, cette variété laisse à désirer.

374. VIRGO MARIA. Vierge Marie. (*Demouveaux*, 1857.)— C'est une très-belle variété dont la fleur est blanc pur ; à très-gros tube, long de 20 millimètres ; sépales larges, réfléchis, à pointes vertes ; corolle de bonne grandeur, vermillon clair un peu carminé, à pétales involutés.

12.

375. VOLCANO DI AQUA. (*Bank,* 1856.) — Fleur rouge cramoisi pourpré vif; tube mince, long de 12 millimètres; sépales larges, entièrement réfléchis, plus allongés que le tube; corolle d'un violet bleuâtre foncé passant au violet pourpré, à pétales involutés, longs de 25 millimètres. C'est une bonne variété qui cependant a le défaut d'avoir les pétales de la corolle trop aplatis, et les sépales du calice raidis, au lieu d'être recourbés avec grâce. Elle dépend du groupe signalé sous le nº 3. *Admirable* ou *Wonderfull* de Epss.

376. ZÉNOBIE. (*Harrisson,* 1843.) — Cette ancienne variété obtint un succès éclatant et mérité, sa fleur était rose carminé vif; sépales horizontaux; corolle très-ample, rouge carmin. On avait cru d'abord devoir lui attribuer la paternité du *F. Président Porcher;* mais il a été reconnu depuis que ce fuchsia provenait de graines récoltées par le *F. Comte de Beaulieu.*

377. ZÉPHIR. (*Flamart,* 1857, Belgique.) — Fleur rouge carminé, à tube moyen, long de 15 a 18 millimètres; sépales totalement réfléchis; corolle ample, bleu violacé clair; pétales divisés par une veine carminée en deux parties égales.

Cette variété a la même origine que les *F. Phénix* et *Phénomène* du même producteur, et dont le *Journal d'Horticulture pratique* de Belgique a donné le dessin colorié dans le numéro du mois de décembre 1856.

Voir les nᵒˢ 287 et 288 de la *Monographie,*

378. WATER NYMPH. (*Story.* 1855.) — (Voir *Nymphe des eaux,* nº 270.)

379. WILHEM BALL. (*Schüle,* 1854.)— Feuillage grand, vert pâle; fleur blanc teinté de rose; tube très-renflé, long de 20 millimètres; sépales étroits, écartés, infléchis; corolle moyenne, vermillon brun, à pétales involutés. De troisième ordre.

Après avoir décrit toutes les variétés produites en 1855 par M. Schüle, il est de notre devoir de faire remarquer que toutes, à l'exception du *F. Adolphe Weich,* sont médiocres, et il est regrettable qu'un horticulteur se soit ainsi trompé dans ses appréciations personnelles sur le mérite de ses semis, en lançant dans le commerce des plantes comme *Elise, Kasser-Hochstetter, Secrétaire-Zetter, Thirsus albus, Virens* et *Wilhem Ball.* Espérons mieux de l'avenir.

380. **WONDERFULL** (*Epss.* 1857.) — Voir *Admirable*, n° 3.

—

SUPPLÉMENT (1).

381. **ATROPURPUREA FLORE PLENO.** (*Lemoine,* 1858, Nancy.) —Variété annoncée sans aucune description, comme étant à fleurs doubles et d'une forme nouvelle.

382. **LAMARTINE.** (*Du même producteur.*) — Arbuste vigoureux ; fleur à sépales réfléchis ; corolle bleu foncé, double, de forme irrégulière.

383. **MONSTRUOSA FLORE PLENO.** (*Du même.*) — Comme la première variété de ce Supplément, celle-ci serait à fleurs doubles et d'une forme nouvelle.

384. **REFLEXA FLORE PLENO.** (*Du même.*) — Fleur écarlate foncé, à sépales réfléchis ; corolle double, bleue, à pétales courts.

---

(1) La mise en vente des quatre variétés comprises en ce Supplément vient d'être annoncée par M. V. Lemoine, horticulteur, rue de l'Etang, 67, à Nancy. Si leur mérite ne nous est pas encore connu, du moins l'habileté et la réserve consciencieuse du producteur sont une garantie que les plantes provenant de ses semis ne sauraient être médiocres.

LISTE

DES PLUS BELLES ESPÈCES ET VARIÉTÉS

DES FUCHSIAS.

—

SUPPLÉMENT.

L'HORTICULTEUR PRATICIEN

REVUE DE
L'HORTICULTURE FRANÇAISE ET ÉTRANGÈRE

Publiée avec le concours des Amateurs, des Horticulteurs et des Présidents de Sociétés d'horticulture de France et de l'étranger,

Sous la direction

DE M. H. GALÉOTTI

Directeur du Jardin botanique de Bruxelles.

2e ANNÉE.

L'*Horticulteur praticien* a commencé à paraître le 1er janvier 1857. Cette année étant sur le point d'être épuisée, il n'en sera plus vendu qu'à la condition de s'abonner pour l'année 1858. Prix des deux années : 18 fr. Envoyer un bon de poste au nom de M. Goin, éditeur.

EXTRAIT DU CATALOGUE
DE LA
LIBRAIRIE CENTRALE D'AGRICULTURE ET DE JARDINAGE.

Bibliothèque de l'Horticulteur praticien.

Almanach du jardinier-fleuriste pour 1858, suivi de quelques notes sur le jardin potager, 5e année. 1 vol. in-18 avec fig. dans le texte.   50 c.
Les années 1854, 1855, 1856 et 1857, chaque   50 c.
Arboriculture (*Pratique raisonnée de l'*), par Picot-Amette, horticulteur. 2e édit. 1 vol. in-18 avec 12 planches.   2 50
Arbres fruitiers (*Instructions élémentaires sur la taille des*), par Lachaume. 1 vol. in-18 orné de 20 fig.   75 c.
Asperges (*Instructions pratiques sur la plantation des*), par Bossin. 2e édition. 1 vol. in-18.   75 c.
Camellias (*Traité de la culture des*), par J. de Jonghe. 2e édit. 1 vol. in-18.   1 fr.
Champignons comestibles et vénéneux (*Traité élémentaire des*), par Dupuis. 1 vol. in-18 avec 8 pl. col.   1 75
Chrysanthème de l'Inde (*Culture du*), suivie d'une Monographie contenant la description de 250 variétés, par Bernieau, horticulteur. 1 vol. in-18.   1 fr.
Fuchsia (*Histoire et Culture du*), suivies de la description de 540 espèces et variétés, par F. Porcher. 1 vol. in-18.   2 fr. 25
Horticulteur praticien (*L'*), année 1857.   9 fr.
Jardin Fleuriste (*Le*), ou Instructions simples et précises à l'usage des amateurs et des horticulteurs, pour la culture des plantes d'ornement,

annuelles ou vivaces, oignons à fleurs, etc., par Charles Lemaire. 1 vol. in-18 avec figures.   3 50

Melons (*Culture des*). Méthode simple et précise pour obtenir les melons d'une grosseur extraordinaire, etc., par Dufour de Villerose. 1 vol. in-18 avec 5 grav. pour l'explication des tailles.   75 c.

Pêcher en espalier (*Instructions pratiques sur la culture du*), par Lasnier, horticulteur. In-18.   50 c.

Arboriculture (*Cours élémentaire et pratique d'*), par A. Dubreuil. 4e édit. 2 vol. in-18.   12 fr.

Arbres fruitiers (*Instruction élémentaire sur la conduite des*), par Dubreuil. 2e édit. 1 vol. in-18, fig.   2 50

Arbres fruitiers *(Pratique raisonnée de la taille des)* et de la vigne, par Cossonet. 1 vol. in-8, avec 21 planches.   5 fr.

Arbres fruitiers (*Taille raisonnée des*), suivie de la description des greffes les plus usitées, par J.-A. Hardy. 3e édit. 1 vol. in-8, figures dans le texte.   5 50

Bon Jardinier (*Le*) pour 1858, par Poiteau, Vilmorin, Decaisne, Neumann, Pepin. 1 vol. in-12.   7 fr.

Botaniste (*Petit Manuel du*) et de l'Herboriste, accompagné de planches explicatives et suivi de quelques principes de médecine, de pharmacie et d'économie domestique, par L. F., F. M. et P. M. 2e éd. 1 vol. in-12.   1 75

Boutures (*Notions sur l'art de faire les*), par Neumann. 3e édition. 1 vol. avec 31 figures.   2 fr.

Champignons (*Traité prat. de la culture des*), par Salle. In-18. 1 fr.

Conifères (*Traité général des*), ou Description de toutes les espèces et variétés connues aujourd'hui ; leur synonymie, procédés de culture et de multiplication, par A. Carrière. 1 vol. in-8.   10 fr.

Culture potagère (*Nouv. Traité de*) par Joigneaux, 1 vol. in-18. 2 25

Fécondation naturelle et artificielle (*De la*) **des végétaux et de l'hybridation**, considérée dans ses rapports avec l'horticulture, l'agriculture et la sylviculture, par Lecoq. 1 vol. in-12.   3 50

Jardinier multiplicateur (*Guide pratique du*), ou Art de propager les végétaux par semis, boutures, greffes, etc., par Carrière. In-18. 3 50

Jardins (*Traité de la composition et de l'ornement des*), avec 161 pl. représentant, en plus de 600 fig., des plans de jardins, des fabriques propres à leur décoration et des machines pour élever les eaux. 5e édit. 2 vol in-4 oblong.   25 fr.

Pêcher en espalier carré (*Pratique raisonnée de la taille du*), par Al. Lepère. 4e édit. 1 vol. in-8, fig.   4 fr.

Reine-Marguerite (*Culture de la*), par Malingre. In-18.   30 c.

Serres (*Art de construire et de gouverner les*), par Neumann, chef des serres au jardin des Plantes. 2e édit. 1 vol in-4 avec 23 pl. grav. 7 fr.

Thermosiphon (*L'art de chauffer par le*), ou **Calorifère à air chaud**, par A***. 1 vol. in-4, avec 21 planches gravées. 2e édit.   3 fr.

Le Catalogue complet de la Librairie sera envoyé, *franco*, aux personnes qui en feront la demande par *lettre affranchie*.

Évreux, A. Hérissey, imprimeur. — 258.